Berichte aus dem
Institut für Umformtechnik
der Universität Stuttgart
Herausgeber:
Prof. em. Dr.-Ing. Dr. h.c. K. Lange

119

Lothar Brückner

Eigenspannungen und Spannungsrißkorrosion tiefgezogener Werkstücke aus CuZn-Legierungen

Mit 106 Abbildungen und 7 Tabellen

Springer-Verlag Berlin Heidelberg GmbH 1993

Dipl.-Ing. Lothar Brückner
Institut für Umformtechnik
Universität Stuttgart

Dr.-Ing. Dr. h. c. Kurt Lange
o. Professor em. an der Universität Stuttgart
Institut für Umformtechnik

D 93

ISBN 978-3-540-57377-7 ISBN 978-3-662-06835-9 (eBook)
DOI 10.1007/978-3-662-06835-9

Gesamtherstellung: Copydruck GmbH, Heimsheim
62/3020–6 5 4 3 2 1 0

GELEITWORT DES HERAUSGEBERS

Die Umformtechnik zeichnet sich durch sehr gute Werkstoffauswertung und hohe Mengenleistung in der Serienfertigung gegenüber anderen Fertigungsverfahren aus, wobei Beibehaltung der Masse, Änderung der Festigkeitseigenschaften während eines Vorgangs und elastische Rückfederung der Werkstücke nach einem Vorgang wesentliche Merkmale sind. Weiter sind die benötigten Kräfte, Arbeiten und Leistungen sehr viel größer als z.B. bei spanenden Verfahren. Die sichere Beherrschung eines Verfahrens in der industriellen Fertigung und die zunehmende Forderung nach Vermeidung bzw. Minimierung spanender Nacharbeit erzwingen die geschlossene Betrachtung des Systems "Umformende Fertigung" unter zentraler Berücksichtigung plastizitätstheoretischer, werkstoffkundlicher und tribologischer Grundlagen.

Das Institut für Umformtechnik der Universität Stuttgart stellt entsprechend Forschung und Entwicklung zum einen auf die Erarbeitung von Grundlagenwissen in diesen Bereichen ab, zum anderen untersucht und entwickelt es Verfahren unter Anwendung spezieller Meßtechniken mit dem Ziel einer genauen quantitativen Ermittlung des Einflusses der Parameter von Vorgang, Werkstoff, Werkzeug und Maschine. Die Behandlung von Problemen des Maschinenverhaltens, der Maschinenkonstruktion sowie der Werkzeugauslegung und -beanspruchung, der Auswahl hochbeanspruchbarer, verschleißfester Werkzeugbaustoffe und schließlich der Tribologie gehört entsprechend ebenfalls zum Arbeitsgebiet, das durch die Erfassung organisatorischer und betriebswirtschaftlicher Fragen abgerundet wird.

Im Rahmen der "Berichte aus dem Institut für Umformtechnik"erscheinen in zwangloser Folge jährlich mehrere Bände, in denen über einzelne Themen ausführlich berichtet wird. Dabei handelt es sich vornehmlich um Abschlußberichte von Forschungsvorhaben, Dissertationen, aber gelegentlich auch um andere Texte. Diese Berichte sollen den in der Praxis stehenden Ingenieuren und Wissenschaftlern zur Weiterbildung dienen und eine Hilfe bei der Lösung umformtechnischer Aufgaben sein. Für die Studierenden bieten sie die Möglichkeit zur Vertiefung der Kenntnisse. Die seit zwei Jahrzehnten bewährte freundschaftliche Zusammenarbeit mit dem Springer-Verlag sehe ich als beste Voraussetzung für das Gelingen dieses Vorhabens an.

Kurt Lange

Vorwort

Die vorliegende Arbeit entstand während meiner Tätigkeit als wissenschaftlicher Mitarbeiter am Institut für Umformtechnik der Universität Stuttgart.

Herrn Prof. em. Dr.-Ing. Dr. h.c. Kurt Lange danke ich für das mir entgegengebrachte Vertrauen und die großzügige Unterstützung bei der Durchführung dieser Arbeit.

Herrn Prof. Dr. rer. nat. Volkmar Gerold bin ich für die eingehende Durchsicht dieser Arbeit zu Dank verpflichtet.

Mein besonderer Dank gilt Herrn Prof. Dr.-Ing. habil. Klaus Pöhlandt für die Betreuung der Arbeit sowie den wertvollen Diskussionen und Anregungen. Ferner danke ich allen Mitarbeiterinnen und Mitarbeitern des Instituts für Umformtechnik, die zum Gelingen der Arbeit beigetragen haben.

Weiterhin möchte ich Herrn Dr. Clemens Ritter vom Institut Laue Langevin, Grenoble für die Zusammenarbeit bei den Neutronenbeugungsmessungen danken.

Die Mittel zur Durchfürung der Arbeit wurden von der Stiftung Volkswagenwerk, Hannover bereitgestellt, wofür an dieser Stelle ebenfalls gedankt sei.

Leonberg, im Dezember 1992

Lothar Brückner

Inhaltsangabe

Formelzeichen und Abkürzungen

A	mm^2	Fläche
A_0	mm^2	Ausgangsfläche
A_{80}	%	Bruchdehnung
A_g	%	Gleichmaßdehnung
a	mm	Position in der Napfwand
α	°	Abstreckwinkel
β		Ziehverhältnis
D	nm	Gitterebenenabstand
D_0	nm	Gitterkonstante
D/s	%	relative Rißtiefe
d_{St}	mm	Stempeldurchmesser
d_0	mm	Platinendurchmesser
ε	%	Dehnung
$\varepsilon_{\varphi,\psi}$	%	Dehnung im ebenen Spannungszustand
E	N/mm^2	Elastizitätsmodul
F_Z	kN	Druckkraft
Γ		Orientierungsfaktor
h_Z	mm	Zargenhöhe
I/I_{max}		relative Intensität
ILL		Institut Laue Langevin
λ	nm	Wellenlänge
n		Verfestigungsexponent
m_φ	nm	Steigung bei der $D,\sin^2\psi$ - Auswertung
ν		Querkontraktion
p_N	N/mm^2	Niederhalterdruck
φ	°	Winkel
φ_A		Umformgrad beim Abstreckgleitziehen
ψ	°	Winkel
r	mm	Radius
r		senkrechte Anisotropie
Δr		ebene Anisotropie
REK		röntgenelastische Konstante
R_m	N/mm^2	Zugfestigkeit
$R_{p0,2}$	N/mm^2	Dehngrenze
r_{St}	mm	Stempelradius
r_Z	mm	Ziehringradius

ρ	mm^{-1}	Krümmung
s	mm	Blechdicke
s_0	mm	Ausgangsblechdicke
s_1, s_2	mm^2/N	elastische Konstanten
σ	N/mm^2	Spannung
σ_1, σ_2	N/mm^2	Hauptspannungen
t	h	Korrosionszeit
u_Z/s_0		relativer Ziehspalt

Indizes

a	außen
ax	axial
b	Biege -
E	Eigen -
hkl	Millersche Indizes
i	innen
r	radial
tan	tangential

0 Zusammenfassung

An rotationssymmetrischen Hohlkörpern, die mit verschiedenen Umformverfahren aus CuZn - Blechwerkstoffen hergestellt worden waren, wurden die Eigenspannungen und das Spannungsrißkorrosionsverhalten untersucht. Aufgrund der Spannungsrißkorrosionsanfälligkeit von Messingwerkstoffen ist dem Eigenspannungszustand des Bauteiles große Aufmerksamkeit beizumessen, da hiervon die Lebensdauer und damit das Einsatzverhalten wesentlich abhängen kann. CuZn - Werkstoffe mit hohem Zn - Gehalt, wie sie in der vorliegenden Arbeit untersucht wurden, werden häufig durch Kaltumformung verarbeitet, so daß im Zusammenhang mit der Spannungsrißkorrosion die Umformeigenspannungen zu betrachten sind.

Die untersuchten Umformverfahren waren das Tiefziehen mit Niederhalter, das niederhalterlose Tiefziehen mit nachfolgendem Abstreckgleitziehen und ein Abstreckgleitziehverfahren, bei dem tiefgezogene Ausgangswerkstücke mit einer zusätzlichen Krafteinwirkung auf den Napfrand umgeformt wurden. Die Eigenschaften der gefertigten Bauteile werden durch das Umformverfahren und die Vorgangsparameter bezüglich den Eigenspannungen und dem Spannungsrißkorrosionsverhalten in einem weiten Bereich beeinflußt.

Die Messung der Eigenspannungen erfolgte mit einer Zerlegemethode, bei der mit einer mechanischen Bearbeitung die Eigenspannungen freigesetzt werden. Unter der Annahme eines vorliegenden Biegeeigenspannungsverlaufes über der Bauteildicke wurden die Biegeeigenspannungen ermittelt. Weiterhin wurden mit der Röntgenbeugung die Oberflächeneigenspannungen und mit Hilfe der Neutronenbeugung Eigenspannungen im Werkstoffinneren zerstörungsfrei ermittelt. Das Spannungsrißkorrosionsverhalten der Werkstücke wurde mit einem ammoniakhaltigen Prüfverfahren ermittelt.

Beim Tiefziehen mit Niederhalter wurde vorrangig der Einfluß des Stempelradius untersucht. Bei dem relativen Ziehspalt u_Z/s_0 = 1,0 weisen die tangentialen und axialen Biegeeigenspannungsverläufe über der Napfhöhe ein Zugeigenspannungsmaximum auf, das in der Nähe der Bodenrundung liegt und vom Stempelradius beeinflußt wird. Diese Abhängigkeit wird weiterhin vom Ziehverhältnis wesentlich mitbestimmt. In den Spannungsrißkorrosionsversuchen schlägt sich der Einfluß des Stempelradius in der Anrißzeit und der Rißgeschwindigkeit nieder. Die Zeit bis zum völligen Versagen des Werkstückes (Lebensdauer) wurde bei gegebenem Ziehverhältnis als vom Stempelradius unabhängig gefunden. Ein überlagerter Abstreckvorgang ($u_Z/s_0 < 1{,}0$) erniedrigt bereits beim Tiefziehen die Zugeigenspannungen, so daß die Zargenwand eigenspannungsarm ist. Hierbei verringert sich der Einfluß des Stempelradius.

Mit der Verbindung der Umformverfahren niederhalterloses Tiefziehen und Abstreckgleitziehen konnten Werkstücke hergestellt werden, bei denen die vom Tiefziehen herrührenden Zugeigenspannungen deutlich vermindert waren. Die Spannungsrißkorrosionsversuche wiesen bei diesen Werkstücken Lebensdauern nach, die 2 bis 3 Größenordnungen über denen von tiefgezogenen Werkstücken lagen. Beim Abstreckgleitziehen stellte sich als wichtiger Umformparameter der Abstreckgrad heraus, der hinsichtlich eines günstigen Spannungsrißkorrosionsverhaltens nicht zu groß gewählt werden sollte.

Das Umformverfahren Abstreckgleitziehen, bei dem eine zusätzliche Kraftwirkung auf den Napfrand des Rohteils aufgebracht wird, ermöglichte die Herstellung von Werkstücken, die gegenüber dem konventionellen Abstreckgleitziehen deutlich günstigere Eigenspannungszustände aufwiesen. Damit wurde das Spannungsrißkorrosionsverhalten der Werkstücke derart verbessert, daß in den Korrosionsprüfungen unter den aggressiven Testbedingungen die höchsten Standzeiten gefunden wurden. Dies bedeutet im Vergleich zu den tiefgezogenen Werkstücken eine ca. 1000-fach und zu den niederhalterlos tief- und abstreckgleitgezogenen Werkstücken eine ca. 10-fach höhere Standzeit. Unter realen Bedingungen ist bei diesen Werkstücken praktisch keine Spannungsrißkorrosionsanfälligkeit zu erwarten. Bei der Umformung war die Höhe der Kraftbeaufschlagung, die auf den jeweiligen Abstreckgrad und -winkel abzustimmen ist, eine wichtige Einflußgröße auf den Eigenspannungszustand. Bei sehr hohen Abstreckgraden, bei denen ohne Kraftbeaufschlagung Reißer auftreten, konnten mit diesem Verfahren in bezug auf die Eigenspannungen in Verbindung mit der Spannungsrißkorrosion sehr gute Bauteileigenschaften erzielt werden.

Die Messung von Eigenspannungen im Werkstoffinneren mit Hilfe der Neutronenbeugung ergab wichtige Erkenntnisse bezüglich der Verteilung von Eigenspannungen über der Bauteildicke. Zusammen mit röntgenographisch ermittelten Eigenspannungswerten, die die Verteilungen am Ort der Oberfläche ergänzten, konnten Zusammenhänge zwischen der Spannungsverteilung und dem Spannungsrißkorrosionsverhalten dargestellt werden. Die erstmals angewendete Messung mit der Neutronenbeugung an derartigen Umformteilen führte zu Ergebnissen, die mit denen der Biegeeigenspannungsmessungen gut übereinstimmten.

Das Spannungsrißkorrosionsverhalten der Werkstücke wurde mit einem Prüfverfahren beurteilt, das einfach anzuwenden ist, und bezüglich des Korrosionsablaufes differenzierte Ergebnisse liefert. Bei der Bauteilprüfung wird das Zusammenwirken der Einflußfaktoren chemische Zusammensetzung, Eigenspannungszustand, Verfestigung, Korngröße, Rückfederungsverhalten bzw. Rißöffnungsverhalten berücksichtigt. Eine genaue Abschätzung der Bauteillebensdauer unter Einsatzbedinungen ist hierdurch in der Regel nicht möglich, jedoch können mit Vergleichsmessungen ein günstiges Umformverfahren und optimale Parameter ermittelt werden.

1 Einleitung

Die Möglichkeiten der Werkstofftechnik werden in technologischen Entwicklungen zunehmend stärker für Verbesserungen der Werkstoffeigenschaften und damit der Eigenschaften von Bauteilen eingesetzt. In dieser Beziehung können gezielt eingestellte Eigenspannungen oftmals wirkungsvoll und kostengünstig das mechanische Bauteilverhalten positiv beeinflussen. Die Auswirkungen von Eigenspannungen werden jedoch häufig nur qualitativ aufgrund von allgemeinen Erfahrungen beurteilt, wofür als Hauptursache der hohe Aufwand für Eigenspannungsanalysen anzuführen ist. Der Bestimmung und Bewertung von Eigenspannungszuständen wird daher eine große Bedeutung beigemessen auch unter der Tatsache, daß Werkstoffe grundsätzlich nicht frei von Eigenspannungen sind /1, 2/.

Beim Einsatz von Messing - Werkstoffen (CuZn - Legierungen) ist dem Eigenspannungszustand des Bauteiles große Aufmerksamkeit zuzuwenden, da Messing bei vorhandenen Zugspannungen und geeigneten Umgebungsbedingungen zur Spannungsrißkorrosion neigt. Diese Schädigungsart verläuft nahezu unmerklich und ist in der Lage, die völlige Zerstörung des Bauteils in kurzer Zeit zu bewirken. In der Praxis werden Schadensfälle durch Spannungsrißkorrosion immer wieder beobachtet und führen zu großen Unsicherheiten bei der Abschätzung der Lebensdauer von Bauteilen.

Die Einsatzgebiete von Messing - Legierungen sind unter anderem der Apparatebau, die Elektroindustrie und der Kraftfahrzeugbau. Dabei liegt das Interesse bei Messing an den guten Eigenschaften der elektrischen Leitfähigkeit, der Wärmeleitfähigkeit und der allgemeinen Korrosionsbeständigkeit. Weiterhin sind Messingwerkstoffe aufgrund guter Verarbeitungseigenschaften wie z.B. bei der Kalt- und Warmumformung ein geeignetes Ausgangsmaterial für eine Reihe von Anwendungen /3/.

Mit der umformenden Bearbeitung von Metallen wird oftmals eine Verbesserung der Bauteileigenschaften durch die Umformung angestrebt. Die Kaltverfestigung oder gezielt eingestellte Faserverläufe erhöhen beispielsweise die Festigkeit oder verbessern das Ermüdungsverhalten. In diesem Zusammenhang kann die Führung des Umformvorganges den Eigenspannungszustand des Werkstückes wesentlich beeinflussen. In Hinblick auf die Spannungsrißkorrosion sollten deshalb bei der Verarbeitung von Messingwerkstoffen hohe Zugeigenspannungen vermieden werden. Diese Anforderung erhält weiterhin dadurch Nachdruck, daß Bauteile aus Messing während dem Gebrauch häufig dem Reagenz Ammoniak, das Spannungsrißkorrosion auslöst und in der Atmosphäre immer vorhanden ist, ausgesetzt sind. Eigenspannungen können mit Hilfe einer Wärmebehandlungen abgebaut werden, jedoch entstehen hierdurch Nachteile durch höhere Fertigungskosten, dem Abbau der Kaltverfestigung und der Gefahr des Werkstückverzugs aufgrund der Eigenspannungen /4/.

Die vorliegende Arbeit befaßt sich mit rotationssymmetrischen Hohlkörpern, die aus Blechwerkstoffen mit verschiedenen Umformverfahren hergestellt werden können. Hierfür sind das Tiefziehen mit und ohne Niederhalter, das Tiefziehen mit Wirkmedien oder elastischen Werkzeugen oder das Drücken möglich. In einem nachfolgendem Verarbeitungsschritt können die Näpfe durch Tiefziehen im Weiterzug, Stülpziehen, Abstreckgleitziehen oder Drückwalzen weiter umgeformt werden. Hieraus ergeben sich eine Reihe von Verfahren und Verfahrenskombinationen zur Herstellung eines Hohlkörpers, wobei der Fertigungsweg die Eigenschaften des Werkstückes beeinflußt. Die Herstellung von Werkstücken, deren Eigenspannungszustand ein günstiges Spannungsrißkorrosionsverhalten bedingt, setzt demnach die Wahl eines günstigen Umformverfahrens und die Einhaltung optimaler Umformparameter voraus.

2 Stand der Kenntnisse

2.1 Spannungsrißkorrosion von CuZn - Legierungen

Spannungsrißkorrosion ist ein scheinbar sprödbruchartiges, verformungsloses oder verformungsarmes Aufreißen von unter Zugspannungen stehenden Werkstücken bei gleichzeitiger Einwirkung eines chemischen Agens /5, 6/. Die notwendigen Voraussetzungen für die Spannungsrißkorrosion sind die Anfälligkeit des Werkstoffes bei einem geeigneten Umgebungsmedium, das Vorhandensein von Zugspannungen oder Zugeigenspannungen und eine ausreichend lange Auslagerungszeit /7, 8/.

In der Regel tritt Spannungsrißkorrosion in Mischkristallsystemen auf, in denen die Zulegierung die edlere Komponente ist /9/. Während der Korrosion geht nun die edlere Legierungskomponente nicht in Lösung und bildet die kathodischen Bereiche, die für den elektrochemischen Prozeß notwendig sind. Eine weitere Möglichkeit ist die Bildung der kathodischen Bereiche durch ein Reaktionsprodukt, wenn das Legierungselement unedler ist oder das Edelmetall als Komplex gebunden wird. Im Fall von α - Messing, bei dem Zn das unedlere Element ist, werden bei der Spannungsrißkorrosion durch Ammoniak die kathodischen Bereiche durch das Reaktionsprodukt CuO gebildet.

Bei Messingwerkstoffen sind Ammoniak NH_3 und Quecksilber Hg spannungsrißauslösende Agenzien /10/. Diese beiden Stoffe unterscheiden sich bezüglich den Reaktionsmechanismen deutlich, so daß die Randbedingungen sehr unterschiedlich zur Wirkung kommen. Weiterhin wird Spannungsrißkorrosion auch in Salzlösungen mit Natriumsulphat, -chlorat, -acetat oder auch -format beobachtet /11, 12/. In der Praxis tritt Spannungsrißkorrosion an Bauteilen gewöhnlich durch Ammoniak auf. Dieses in der Atmosphäre in kleinen Anteilen immer vorhandene Reagenz kann auch bei geringen Gehalten Spannungsrißkorrosion auslösen /5/. Als für die Praxis relevant wird im weiteren auf die Spannungsrißkorrosion bei Messing ausgelöst durch Ammoniak eingegangen.

Zu Beginn der Spannungsrißkorrosion findet während eines allgemeinen korrosiven Oberflächenangriffes zunächst ein lokalisierter Angriff des Ammoniaks besonders an gestörten Bereichen, die ein erhöhtes Reaktionsvermögen aufweisen, statt. Diese Bereiche, die bereits ohne vorhandene Zugspannungen einem erhöhten Angriff unterliegen, sind in der Werkstückoberfläche Korngrenzen, Gleitlinien und Gleitbänder /13, 14/. Der lokalisierte Angriff resultiert aus einem erhöhten Reaktionsvermögen des Werkstoffes aufgrund der Mischkristallbildung und wird als Mischkristalleffekt I bezeichnet. Dabei entstehen feine Spalten und Risse, die die Voraussetzung des eigentlichen Spannungsrißkorrosionsprozesses bilden. In den Rissen bilden sich durch einen elektrochemischen Prozeß kathodische Bereiche, die im Rißgrund eine starke anodische Metallauflösung verursachen, sobald ab einer gewissen Kerbtiefe durch Zugspannungen die Spannungsüberhöhung an der Rißspitze ausreichend ist und der Werkstoff plastisch zu fließen beginnt. Dabei findet aufgrund der Auflösung des Metalls keine Verfestigung an der Rißspitze statt. Die erhöhte Metallauflösung an der Rißspitze, sobald diese im Zustand des plastischen Fließens ist, wird als Mischkristalleffekt II bezeichnet /5, 9, 13, 15/.

Der korrosive Angiff von Ammoniak und ammoniakhaltigen Lösungen läuft in Form der Auflösung des Kupfers nach folgender Reaktionsgleichung ab:

$$Cu + 4\,NH_3(aq) + 1/2\,O_2 + H_2O = Cu(NH_3)_4(OH)_2. \qquad (1)$$

(Auf die Auflösung des Zinks wird nicht eingegangen). Aus dem entstandenen Kupfertetrammin $Cu(NH_3)_4^{++}$ bildet sich im weiteren nun abhängig von den Reaktionsbedingungen nach folgendem Gleichgewicht Kupferoxid CuO:

$$Cu(NH_3)_4^{++} + H_20 = 2\,NH_3 + 2\,NH_4^+ + CuO. \qquad (2)$$

Hieraus folgt, daß sich in einer ammoniakalischen Kupfertetramminlösung das Gleichgewicht bei einer Verringerung der NH_3 - Gaskonzentration bzw. NH_4^+ - Ionenkonzentration nach rechts verschiebt und durch den Zerfall von Kupfertetrammin CuO entsteht. Dieses CuO, das eine gute elektrische Leitfähigkeit aufweist, bildet dann die für die Spannungsrißkorrosion notwendigen kathodischen Bereiche.

Wird nun eine Messingprobe in einer Atmosphäre aus Ammoniak, Wasserdampf und Luft ausgelagert, so bildet sich durch den guten Sauerstoffzutritt in einem dünnen Lösungsfilm auf der Oberfläche Kupfertetrammin. Dadurch nimmt die Konzentration der NH_3 - und NH_4^+ - Ionen schnell ab, so daß sich das Gleichgewicht in Gl. (2) nach rechts verschiebt und CuO gebildet wird. Der selbe Reaktionsmechanismus ist auch innerhalb der feinen Spalte und Risse anzunehmen, wobei zusätzlich durch die verminderte Diffusion der Zutritt des Agens verringert ist und hierdurch ebenfalls eine Abnahme der Konzentration an NH_3 – und NH_4^+ – Ionen bewirkt wird. Somit sind kathodische Bereiche gebildet von CuO auch hier vorhanden /5/. Die Entstehung eines dünnen Lösungsfilms und die nachfolgenden Reaktionsabläufe auf der Oberfläche von Proben, die in NH_3 -

Dampf ausgelagert sind, laufen schnell ab und können als gut wiederholbar angesehen werden. Die Reaktionsabläufe in wässrigen Lösungen werden hingegen deutlich von den einzelnen Ionenkonzentrationen beeinflußt.

Die Risse bei der Spannungsrißkorrosion sind transkristallin oder interkristallin, wobei die Art vom Gefügezustand abhängig ist. Interkristalline Risse, die sich entlang den Korngrenzen und somit auf vorbestimmten Pfaden ausbreiten, treten bei weichen und niedriglegierten Mischkristallen auf. Bei höherlegierten Mischkristallen entstehen mehr transkristalline Risse, deren Rißverlauf möglichst senkrecht zur Spannungsrichtung orientiert ist und die Körner durchquert. Bei kaltverformten Messing treten schließlich nur noch transkristalline Risse auf und interkristalline Risse werden völlig unterdrückt /15/.

Die Rißwachstumsgeschwindigkeit von transkristallinen ist unter gleichen Bedingungen beträchtlich langsamer als die von interkristallinen Rissen. Spannungsrißkorrosionsversuche an umgeformten Vielkristallproben zeigen, daß deren Lebensdauer im Vergleich zu nicht umgeformten Proben durch die Änderung der Rißwachstumsmorphologie aufgrund des beträchtlich langsameren Wachstums der transkristallinen Risse höher ist /15/.

Die Geschwindigkeit der Spannungsrißkorrosion hängt von der Höhe der örtlich herrschenden Zugspannungen und den Diffusionsverhältnissen zwischen Probenoberfläche und Rißfront ab /16/. Der Korngrenzenangriff ist bei Messing sehr breit, da Kupfer stark gelöst wird und ein Verstopfen der Risse hierdurch nicht stattfindet /13/. Schon Eigenspannungen in geringer Höhe machen sich in einem erhöhten korrosiven Angriff auf die Korngrenzen bemerkbar /13/. Geringe Zugspannungen führen bei genügend hoher NH_3 - Konzentration und ausreichend langer Einwirkungsdauer zu Spannungsrißkorrosion /17/.

2.1.1 Chemische Zusammensetzung

Der Einfluß der chemischen Zusammensetzung bei CuZn - Werkstoffen wurde in verschiedenen Arbeiten dargestellt /9, 13-15, 18-23/. Denen zufolge verringert sich beim Einwirken der Reagenzien NH_3 oder Hg mit zunehmenden Zn - Gehalt die Lebensdauer von Proben in Korrosionsversuchen, d.h. die Spannungsrißkorrosionsanfälligkeit nimmt zu. Dies ist auf die Steigerung der Mischkristalleffekte I und II mit zunehmendem Zn - Gehalt zurückzuführen /15/. Der Einfluß des Zn - Gehaltes ist im Mischkristallbereich von α - Messing bei kleinen Zn - Konzentrationen deutlich stärker als bei hohen Gehalten in der Nähe der Phasengrenze des Zustandsdiagramms.

Die Spannungsrißkorrosionsanfälligkeit kann von Seiten der Legierungszusammensetzung durch Zugabe von Silizium bis ungefähr einem Gew.% vermindert werden /24-26/. In bezug auf den Reinheitsgrad des Werkstoffes wurde ein Einfluß auf das Spannungsrißkorrosionsverhalten nicht festgestellt /19/.

2.1.2 Spannung

Das Spannungsrißkorrosionsverhalten in Abhängigkeit von der Spannung wurde häufig an Zugproben unter konstanter Belastung untersucht /16, 18, 20, 21/. Dabei setzt sich die Lebensdauer bzw. die Standzeit der Proben aus der Inkubationszeit, der Rißausbreitung und der kurzen Zeit des mechanischen Restbruches zusammen. In bestimmten Korrosionssystemen kann dabei die Inkubationszeit sehr lang sein und damit die Standzeit wesentlich bestimmen /27/. Bei dieser Versuchsführung steigt mit zunehmendem Rißwachstum die Spannung im Restquerschnitt der Probe. In Anwesenheit von Ammoniak nimmt die Lebensdauer von Proben mit steigender Belastung bzw. Anfangsspannung ab und wird bei Belastungen nahe der Dehngrenze sehr kurz /8, 20/. Bei Ammoniak besteht im allgemeinen keine Zugspannungsgrenze, unter der keine Spannungsrißkorrosion auftritt. Aufgrund des Mischkristalleffektes I werden beim Einwirken von Ammoniak Kerben gebildet, wodurch aufgrund der Kerbwirkung der Rißgrund ab einer bestimmten Tiefe der Kerben zu fließen beginnt und Spannungsrißkorrosion durch den Mischkristalleffekt II einsetzt /5/. Bei der Abhängigkeit der Lebensdauer von der Spannung wurde ein linearer Zusammenhang des Logarithmus der Zeit bis zum Bruch beobachtet /28, 29/:

$$\ln t = -k_1 \cdot \sigma + k_2 \tag{3}$$

(k_1, k_2 Konstanten).

2.1.3 Korngröße

In Korrosionsversuchen unter konstanter Belastung wurde von Edmunds /21/ an Proben aus CuZn 30 festgestellt, daß in Ammoniak - Dampf mit steigender Korngröße eine Abnahme der Lebensdauer verbunden ist. Von Heinzel et. al /30/ wurde in Versuchen an gekerbten Proben mit konstanter biegespannungsartiger Belastung ein Anstieg der Rißgeschwindigkeit mit steigender Korngröße festgestellt.

Von Read et. al /8/ wurde in Ammoniak ein erhöhter Widerstand gegen Spannungsrißkorrosion von feinkörnigerem Werkstoff im geglühten Zustand beschrieben. Dabei wurden an gewalzten Blechen auch starke Einflüsse von Kornstrekkungen bei entsprechender Spannungsrichtung festgestellt. Spannungsrißkorrosion tritt an gewalzten Blechen wesentlich schneller entlang der Walzrichtung auf. Zugproben, die Ammoniak ausgesetzt waren und bei denen anschließend die Zugfestigkeit gemessen wurde, zeigen bei Entnahme in Querrichtung einen wesentlich höheren Abfall als bei Entnahme in Walzrichtung.

In /31/ wird in Modellen zur Spannungsrißkorrosion gezeigt, daß eine Verstärkung der Spannungsrißkorrosionsanfälligkeit mit steigender Gleitstufenhöhe, meßbar an der Oberfläche als Abgleitung pro Gleitband, zu erwarten ist. Eine Zunahme der Korngröße führt zu einer Erhöhung der Gleitstufenhöhe solange der mittlere Korndurchmesser kleiner als die mittlere Gleitlinienlänge ist.

2.1.4 Umformgrad

Eine plastische Kaltumformung beeinflußt das Spannungsrißkorrosionsverhalten nicht nur durch die Verfestigung des Werkstoffes, sondern weiterhin auch durch die Änderung des Gefüges in bezug auf die Kornform und die Bildung von Eigenspannungen /8/.

Lacour /13/ untersuchte den Einfluß der Verfestigung auf die Spannungsrißkorrosion in einer Ammonium - Lösung, indem Proben durch Dehnen umgeformt wurden. Dabei nimmt bei gleich großer Anfangsspannung die Lebensdauer der Proben mit steigender Dehnung zu. Der Ablauf der Spannungsrißkorrosion wird durch den Fließvorgang in der Kerbe, der einem Kriechvorgang ähnlich ist, beeinflußt. Bei gleich großer Belastung ist daher die Lebensdauer eines kaltumgeformten und verfestigten Werkstückes höher als im weichen Zustand /5/.

Von Edmunds /21/ wurde bei einer Umformung durch Walzen nachgewiesen, daß in Korrosionsversuchen unter konstanter Belastung die Lebensdauer mit steigendem Kaltwalzgrad erhöht wird. Dabei ist die Lebensdauer bei in Kornlängsrichtung orientierten Zugspannungen etwas höher als in Querrichtung. Bei sehr kleinen Zugspannungen ist weiches Messing jedoch resistenter als hartes. Als Begründung wurde der Einfluß von überlagerten Eigenspannungen angegeben.

Über eine Verbesserung der Stabilität gegen Spannungsrißkorrosion durch Kaltwalzen wurde auch von Wawra /32, 33/ berichtet. In Prüfungen in einer Quecksilbernitrat - Lösung unter konstanter Last zeigen Biegeproben eine Erhöhung der Zeit bis zum ersten Anriß gegenüber Proben im weichen Zustand, jedoch mit Ausnahme einer Verschlechterung bei kleinen Stichabnahmen von ca. 5%. Die Auswirkung einer anschließenden Glühbehandlung nach einer Kaltumformung kann sich auf das Spannungsrißkorrosionsverhalten sowohl verbessernd als auch verschlechternd auswirken.

Spannungsrißkorrosionsversuche an kaltumgeformten Werkstücken von Erdmann-Jesnitzer und Kaeslingk /22, 23/ zeigen, daß bei Belastung von Zugproben in Höhe von $0{,}9 \cdot R_{p0,2}$ ein steigender Umformgrad eine Abnahme der Zeit bis zum Bruch bedingt. Hier ist jedoch anzumerken, daß durch die Wahl eines konstanten Beanspruchungsniveaus stark kaltumgeformte Proben deutlich höheren absoluten Spannungen unterworfen sind.

Die Spannungsrißversuche von Yamane /34/ an CuZn - Proben, die mit 40 und 80% der Dehngrenze belastet wurden, ergaben bei der Prüfung in einer Ammoniak - Lösung, daß kaltgewalztes Material bei einer Stichabnahmen von ungefähr 3% kürzere Bruchzeiten aufweist als geglühter Werkstoff im Ausgangszustand. Ebenfalls wurde hier die Probenbelastung entsprechend der Festigkeit des Werkstoffes gewählt.

In einer Untersuchung von Kamath /24, 25/ wurde an Schlaufenproben aus verschiedenen CuZn - Legierungen festgestellt, daß in einer Ammoniak - Lösung im allgemeinen die Lebensdauer mit zunehmender Kaltumformung bis 75% Verformungsgrad zunimmt. Eine anschließende Glühung beeinflußt das Spannungsrißkorrosionsverhalten je nach Glühtemperatur sehr unterschiedlich. Im Glühbereich von 300 bis 500 °C wurde die geringste Lebensdauer festgestellt.

Bei dem Werkstoff CuZn 37 zeigen Spannungsrißkorrosionsversuche von Laub /35/, daß bei Prüfung von Schlaufenproben in Ammoniakdampf die Zeit bis zum ersten Anriß mit steigender ursprünglicher Kaltumformung abnimmt. Eine Wärmebehandlung nach der Umformung kann eine außerordentliche Erhöhung der Beständigkeit gegen Spannungsrißkorrosion herbeiführen, wenn nachträglich keine Umformung mehr stattfindet.

Zusammenfassend ist für den Einfluß einer Kaltumformung auf die Spannungsrißkorrosion festzustellen, daß bei konstanter Belastung bzw. Anfangsspannung die Lebensdauer von Proben mit zunehmender Verfestigung verlängert wird, indem die Rißwachstumsgeschwindigkeit abnimmt. Unter der Bedingung, daß die Probenbelastung verhältnismäßig zur Festigkeit gewählt wird, liegt eine erhöhte Spannungsrißkorrosionsanfälligkeit mit zunehmender Verfestigung vor.

2.2 Eigenspannungen und Spannungsrißkorrosion von Werkstücken

Eigenspannungen sind innere Spannungen, die bei fehlen von äußeren Kräften im mechanischen Kräfte- und Momentengleichgewicht stehen. Bei der Umformung von Werkstoffen entstehen Eigenspannungen aufgrund von inhomogenen Formänderungen bzw. Formänderungsgradienten. Dies bedeutet, daß bei einer Umformung über den elastischen Bereich hinaus benachbarte Werkstoffbereiche unterschiedliche Formänderungen erfahren und bei der Entlastung nicht mehr in den spannungsfreien Zustand ohne Werkstofftrennung zurückkehren können. Unter der notwendigen Bedingung eines Kräfte- und Momentengleichgewichtes stellt sich ein Gleichgewichtszustand ein /36/.

Die Bestimmung von Eigenspannungen erfolgt prinzipiell durch die Messung von elastischen Verformungen, die anschließend in Spannungen umgerechnet werden. Bei den zerstörenden mechanischen Meßverfahren ist dies nur durch den Abbau von Eigenspannungen, die dabei ganz oder teilweise freigesetzt werden, möglich. Der Eigenspannungswert wird aus der elastischen Rückfederung berechnet. Demgegenüber werden bei den zerstörungsfreien Meßverfahren wie der Röntgenbeugung die elastischen Dehnungen unmittelbar bestimmt /37/.

Bei der Blechumformung wird zur Bestimmung der Formänderungen an Ziehteilen häufig die Formänderungsanalyse nach Keeler und Goodwin /38-40/ angewandt. Mit an der Blechoberfläche aufgebrachten Liniennetzen werden Formänderungen gemessen, in denen im wesentlichen die plastischen und zu einem geringen Anteil die elastischen Verformungen enthalten sind. Dieses Verfahren ist zur Beurteilung von Eigenspannungen nicht geeignet, da Eigenspannungen aus Formänderungsgradienten resultieren. Diese können bei der Formänderungsanalyse wegen der endlichen Auflösung nur sehr ungenau und in Blechdickenrichtung überhaupt nicht bestimmt werden. Zudem ist eine einfache Umrechnung in Eigenspannungen nicht gegeben.

In Bild 1 sind von Gräber /4, 41/ die Ergebnisse einer Eigenspannungs- und Formänderungsanalyse an einem rotationssymmetrischen Tiefziehteil aus Messing gegenübergestellt. Hierin sind die Verteilungen der tangentialen Biegeeigenspannungen und der tangentialen und axialen Formänderungen (Umformgrade) über der Ziehteilhöhe dargestellt. Aus dem Vergleich der Kurvenverläufe ist ein Zusammenhang zwischen der Höhe der Biegeeigenspannung und dem Umformgrad nicht abzuleiten. In /41/ wurde weiterhin auch der Vergleichsumformgrad ermittelt, dessen Höhe ebenfalls nicht auf eindeutige Weise mit der Höhe der Eigenspannung korreliert werden kann (Bild 1). Somit ist insgesamt festzustellen, daß die Formänderungsanalyse kein geeignetes Mittel zur Untersuchung von Eigenspannungen ist.

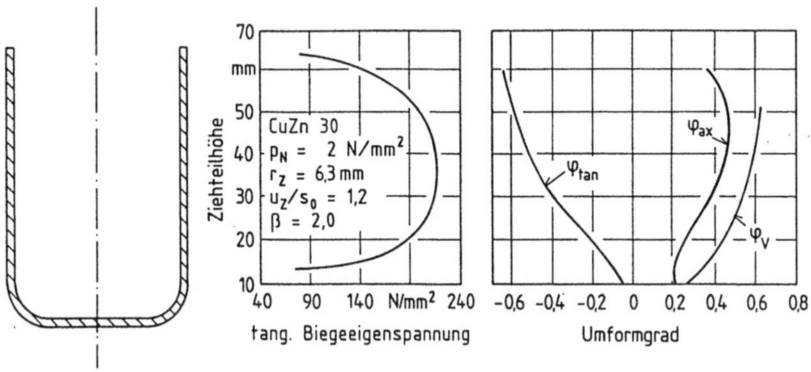

Bild 1: Vergleich der tangentialen Biegeeigenspannungen mit den tangentialen φ_{tan} und axialen Formänderungen φ_{ax} und dem Vergleichsumformgrad φ_V über der Ziehteilhöhe eines Napfes (β = 2,0; s_0 = 1,0 mm) /4, 41/.

Nach einer gebräuchlichen Definition werden Eigenspannungen in drei Arten unterschieden /42/:

- **Eigenspannungen I. Art** sind über größere Werkstoffbereiche (mehrere Körner) nahezu homogen. Die damit verbundenen inneren Kräfte sind bezüglich jeder Schnittfläche durch den Körper im Gleichgewicht. Innere Momente heben sich bezüglich jeder Achse auf. Eingriffe in das Kräfte- und Momentengleichgewicht führen zu makroskopischen Maßänderungen bei vorhanden Eigenspannungen I. Art.

- **Eigenspannungen II. Art** sind über kleine Werkstoffbereiche (ein Korn oder Kornbereiche) nahezu homogen, und damit verbundene innere Kräfte und Momente sind über hinreichend viele Körner im Gleichgewicht. Eingriffe in dieses Gleichgewicht können makroskopische Maßänderungen verursachen.

- **Eigenspannungen III. Art** sind über kleinste Werkstoffbereiche (einige Atomabstände) inhomogen, und damit verbundene innere Kräfte und Momente sind in kleinen Bereichen (hinreichend großen Teilen eines Korns) im Gleichgewicht. Makroskopische Maßänderungen werden durch Eingriffe in dieses Gleichgewicht nicht verursacht.

Für die Beurteilung des Spannungsrißkorrosionsverhaltens von Werkstücken sind im wesentlichen die Eigenspannungen I. Art von Bedeutung. Im weiteren wird auf die Eigenspannungen I. Art, die bei der Beschreibung mit "Eigenspannungen" gemeint sind, eingegangen.

2.2.1 Tiefgezogene Werkstücke

Die Eigenspannungen in Werkstücken, die durch Tiefziehen im Erstzug hergestellt wurden, wurden von Siebel und Mühlhäuser /43/ mit einer mechanischen Zerlegemethode untersucht. Die axialen Biegeeigenspannungen wurden bestimmt, indem in Axialrichtung ein Streifen aus der Becherwand herausgetrennt wurde und dessen Krümmungsänderungen zur Berechnung der Eigenspannungsverteilung über der Napfwand herangezogen wurden. Dabei wurde eine Zunahme der maximalen Zugeigenspannungswerte mit steigendem Stempeldurchmesser und steigendem Ziehringradius festgestellt. Zur Verringerung der Eigenspannungen wurde empfohlen, während des Tiefziehens um 10 bis 20% der Blechdicke abzustrecken. Siebel und Kotthaus /44/ berichteten ebenfalls über den günstigen Einfluß eines überlagerten Abstreckgleitziehens beim Tiefziehen auf geringe Eigenspannungen. Dabei wurden in den Näpfen die axialen Eigenspannungen qualitativ mit dem Weg des Heraustretens eines ausgesägten Streifens aus der Becherwand bewertet.

Die Eigenspannungen in tiefgezogenen Werkstücken wurden von Saito et. al /45/ theoretisch und experimentell untersucht, wobei eine gute Übereinstimmung auftrat. Als Ursache sowohl der tangentialen als auch der axialen Eigenspannungen, die biegespannungsartig über der Wanddicke vorliegen, wurde das Rückbiegen des Bleches beim Verlassen der Umformzone am Ende des Ziehringes angesehen. Die Messung der Eigenspannungen über der Wanddicke erfolgte mit dem Ausbohrverfahren nach Sachs. Dabei lagen die Maxima der Zug- und Druckeigenspannungensverläufe im Werkstoffinneren und nicht an den Oberflächen.

Eigenspannungsmessungen an hydromechanisch und konventionell tiefgezogenen Werkstücken aus Stahlblech ergaben in /46-49/, daß beim hydromechanischen Tiefziehen durch geeignete Wahl des hydrostatischen Druckes die maximalen

Zugbiegeeigenspannungen gegenüber konventionell tiefgezogenen Werkstücken auf ungefähr die Hälfte reduziert werden können. Weiterhin wurden auch die Eigenspannungen über der Wanddicke mit einem Bohrlochverfahren ermittelt, wobei auch hier die Maximalwerte nicht an der Wandoberfläche, sondern im Werkstoffinneren auftraten.

Der Einfluß verschiedener Umformparameter auf die Eigenspannungen und das Spannungsrißkorrosionsverhalten von tiefgezogenen Werkstücken aus Messing wurde von Gräber /4, 50/ untersucht. Dabei zeigte sich, daß bei der Spannungsrißkorrosion die Standzeit, d.h. die Zeit bis zum völligen Bauteilversagen mit steigendem Ziehverhältnis β, steigender Blechdicke s_0 und abnehmendem relativen Ziehspalt u_Z/s_0 zunimmt. Die Anrißzeit, d.h. die Inkubationszeit zur Rißentstehung fällt mit steigendem Ziehverhältnis und steigt mit zunehmender Blechdicke. Der Ziehringradius hat keinen Einfluß auf die Standzeit, führt aber zu einer Zunahme der Anrißzeit mit steigendem Radius. In dieser Untersuchung wurden ebenfalls die Biegeeigenspannungen gemessen, wobei die axialen und tangentialen Eigenspannungen vom Ziehverhältnis und der Blechdicke in gegenläufiger Tendenz beeinflußt werden. Dies bedeutet, daß bei steigendem Ziehverhältnis die Maximalwerte der tangentialen Eigenspannungsverläufe über der Napfhöhe zu- und die der axialen Verläufe abnehmen bzw. bei zunehmender Blechdicke entgegengesetzte Abhängigkeiten gelten. Bei Abnahme des relativen Ziehspaltes werden sowohl die axialen als auch die tangentialen Eigenspannungen verringert.

Die chemische Zusammensetzung beeinflußte die Korrosionsversuche in der Weise, daß mit steigendem Zn - Gehalt die Anrißzeit und die Standzeit abnahmen. Grundsätzlich wirkt sich eine höhere Kaltverfestigung auf kürzere Anrißzeiten aus und höhere Eigenspannungen führen zu höheren Rißfortschrittsgeschwindigkeiten /4/.

2.2.2 Abstreckgleitgezogene Werkstücke

Sachs et. al /51/ untersuchten an Patronenhülsen aus Messing und an abstreckgleitgezogenen Werkstücken, die mit zylindrischen Stempel hergestellt wurden, den Einfluß verschiedener Parameter auf die Eigenspannungen und die Spannungsrißkorrosion mit Quecksilber. Beim Abstreckgleitziehen lag bei kleinen Abstreckwinkeln und kleinen Durchmesserabnahmen die geringste Spannungsrißkorrosionsanfälligkeit vor, während der Abstreckgrad, d.h. die Verringerung der Wanddicke sich in unterschiedlicher Weise auswirkt. Bei den höchstmöglichen

Abstreckgraden war die Korrosionsanfälligkeit am geringsten. Der Eintritt der Risse trat dabei immer in der Wand nahe dem Boden auf. Die Messung der Eigenspannungen ergab niedrigere Werte bei kleineren Abstreckwinkeln und bei höheren Abstreckgraden.

Bei durch Abstreckgleitziehen hergestellten Patronenhülsen aus Messing wurde ebenfalls eine Zunahme der Rißbildungstendenz mit steigendem Abstreckwinkel festgestellt. Dabei erweist sich in bezug auf die Spannungsrißkorrosion der Einfachzug günstiger als der Mehrfachzug /52/. Der Rißeintritt erfolgte vornehmlich in der Wand im Bereich des Bodens und wurde durch tangentiale Zugspannungen hervorgerufen, die durch den Boden verursacht werden und mit zunehmendem Abstand vom Boden sehr schnell abklingen. Bei einer Bearbeitung des Bodens durch Bohren eines Loches oder durch Abschleifen wurden die Zugspannungen abgebaut und die Spannungsrißkorrosionsanfälligkeit verringert /51/.

3 Aufgabenstellung

Das Spannungsrißkorrosionsverhalten von Bauteilen aus Messing - Werkstoffen ist aufgrund des Zusammenwirkens verschiedener Einflußgrößen schwer vorherzusagen. Daher ist die Prüfung von Werkstücken unter realitätsnahen Bedingungen erforderlich. Sie ergibt Hinweise zur Verbesserung der Bauteileigenschaften, indem Prüfergebnisse von Werkstücken verglichen werden, die bei unterschiedlichen Umformbedingungen hergestellt wurden.

Die vorliegende Arbeit befaßt sich mit der Umformung von Blechwerkstoffen aus Messing und stellt für rotationssymmetrische Hohlkörper die Auswirkungen von Verfahrensparametern auf die Eigenspannungen und das Spannungsrißkorrosionsverhalten dar. Weiterhin wird die Änderung der Werkstoffeigenschaften durch die Umformung in bezug auf die Spannungsrißkorrosion berücksichtigt. Die Werkstücke wurden mit den in Bild 2 aufgeführten Umformverfahren bzw. Verfahrenskombinationen hergestellt.

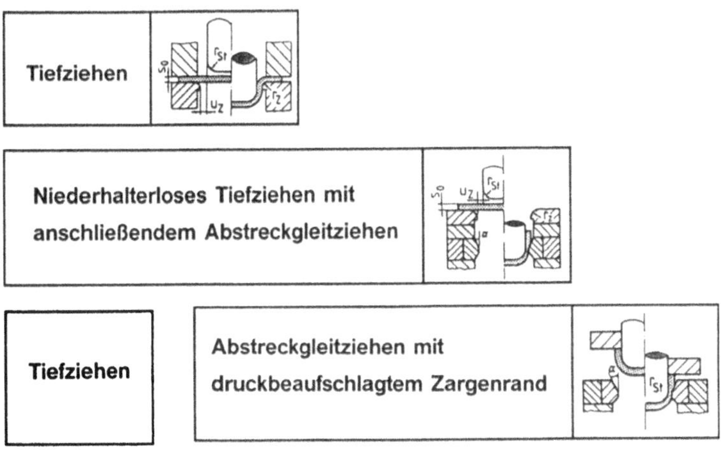

Bild 2: Herstellungsverfahren.

Beim Tiefziehen im Erstzug nach DIN 8584 wurde als Parameter in erster Linie der Stempelradius bei relativen Ziehspalten $u_Z/s_0 \leq 1{,}0$ und unterschiedlichen Ziehverhältnissen variiert. Weiterhin wurde an einigen Beispielen der Einfluß unterschiedlicher Schmierstoffe und des Niederhalterdruckes auf die Eigenspannungen untersucht. Als Werkstoff wurde ein spannungskorrosionsempfindliches α – Messing mit hohem Zn - Gehalt verwendet. Darüberhinaus wurden einige Versuche zum Einfluß der chemischen Zusammensetzung des Blechwerkstoffes - ebenfalls in Abhängigkeit vom Stempelradius - durchgeführt.

Beim niederhalterlosen Tiefziehen mit anschließendem Abstreckgleitziehen wurden die Möglichkeiten zur Einflußnahme auf die Bauteileigenschaften tiefgezogener Werkstücke mit einer nachfolgenden Umformung untersucht. Hierbei wurde auf die Ausführung der beiden Verfahren in einem Arbeitsgang Wert gelegt. Als Parameter wurden beim Abstreckgleitziehen der Abstreckgrad und -winkel variiert.

Für das Herstellungsverfahren "Abstreckgleitziehen mit druckbeaufschlagtem Zargenrand" wurde ein neuartiges Werkzeug, in dem durch Tiefziehen hergestellte Rohteile eingesetzt worden sind, konstruiert und gebaut. Während des Abstreckgleitziehens übt ein Druckring eine zusätzliche Kraft auf den Napfrand der Rohteile aus. Damit sollten Werkstücke mit höheren Umformgraden hergestellt und zugleich die Möglichkeit der Beinflussung des Eigenspannungszustandes hinsichtlich eines günstigen Spannungsrißkorrosionsverhaltens geprüft werden. Die Variation der Umformparameter Druckkraft auf den Napfrand, Abstreckwinkel und -grad in Verbindung mit der Verwendung unterschiedlicher Rohteilgeometrien wurde untersucht.

Die Messung der Eigenspannungen erfolgte in jedem Fall nach der Zerlegemethode. Dieses mechanische Verfahren ermöglicht eine integrale Aussage über die Biegeeigenspannungen in der Napfwand. Bei einigen Werkstückgeometrien sollten Korrosionsversuche differenzierte Aussagen über das Spannungsrißkorrosionsverhalten der Werkstücke ergeben und die Ergebnisse der Eigenspannungs- und Korrosionsmessungen miteinander verglichen werden. In ausgesuchten Fällen wurden in den spannungsrißanfälligen Werkstückbereichen mit Hilfe der Röntgen- und Neutronenbeugung genaue Eigenspannungsverläufe über der Bauteildicke ermittelt. Hieraus sollte der Einfluß der Eigenspannungsverteilung auf das Spannungsrißkorrosionsverhalten erkennbar werden. Das Verfahren der Neutronenbeugung wurde an derartigen Umformteilen erstmalig angewendet.

Die Ergebnisse der untersuchten Umformverfahren wurden miteinander verglichen und Hinweise zur Herstellung rotationssymmetrischer Hohlkörper mit geringer Spannungsrißkorrosionsanfälligkeit herausgestellt.

4 Experimentelle Untersuchungen

4.1 Werkstoffe

Die Untersuchungen wurden mit den gut kaltumformbaren Blechwerkstoffen CuZn 30 und CuZn 37 im Zustand weich nach DIN 17 660 durchgeführt. In Tab. A1 (Anhang) sind die chemischen Zusammensetzungen nach der DIN - Norm aufgeführt. Für das Tiefziehen im Erstzug wurden diese beiden Werkstoffe in der Blechdicke s_0 = 1,0 mm eingesetzt. Für die anderen Fertigungsverfahren mit Abstreckgleitziehvorgängen wurde CuZn 30 in der nicht handelsüblichen Blechdicke s_0 = 3,0 mm verwendet.

CuZn 30; s_0 = 1,0 mm

CuZn 37; s_0 = 1,0 mm

CuZn 30; s_0 = 3,0 mm

←→ Walzrichtung

Bild 3: Gefügeaufnahmen der Versuchswerkstoffe (ätzpoliert und tauchgeätzt in 10%iger Ferrinitrat-Lösung).

Die Gefügeaufnahmen im Anlieferungszustand (Bild 3) zeigen im Fall von CuZn 30 für beide Blechdicken ein einphasiges globulares Gefüge von α - Mischkristallen mit einer Korngröße von ungefähr 50 μm. Das Gefüge von CuZn 37 zeigt ebenfalls ein globulares Aussehen, wobei eine kleinere Korngröße von ungefähr 40 μm vorliegt und typischerweise zeilige Anordnungen von β - Phasenanteilen nicht zu beobachten sind.

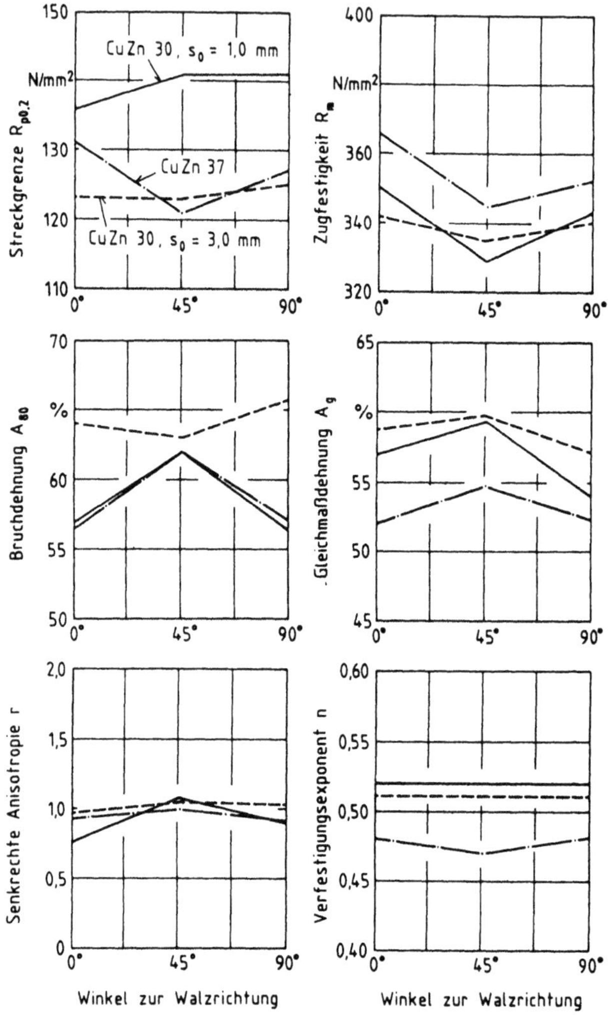

Bild 4: Mechanische Kennwerte der Versuchswerkstoffe.

Die im Flachzugversuch nach DIN 50 114 ermittelten mechanischen Kennwerte der Versuchswerkstoffe (Bild 4) (s. auch Tab. A2 Anhang) belegen deren gute Kaltumformbarkeit aufgrund der hohen Bruchdehnung A_{80}, der Gleichmaßdehnung A_g und des Verfestigungsexponenten n. Die Werte der senkrechten Anisotropie liegen nahe bei r = 1,0. Bezüglich der ebenen Anisotropie Δr ist nur bei CuZn 30; s_0 = 1,0 mm ein deutlich von Null abweichender Wert vorhanden.

4.2 Versuchseinrichtungen zur Werkstückherstellung

Die Werkstückherstellung erfolgte bei allen Umformverfahren auf einer doppeltwirkenden hydraulischen Presse (SMG VZP 60-800/650) mit einer Nennkraft von 600 kN. Die Stößelgeschwindigkeit betrug bei allen Versuchen 18 mm/s.

4.2.1 Tiefziehen mit Niederhalter

Die Herstellung rotationssymmetrischer Werkstücke durch Tiefziehen im Erstzug nach DIN 8584 erfolgte mit einem Werkzeug entsprechend Bild 5. In dem Versuchswerkzeug ist der Ziehring am Maschinenstößel befestigt und bewegt den Niederhalter, der mittels Druckbolzen mit dem Ziehkissen im Pressentisch angetrieben wird, über den ortsfesten Ziehstempel.

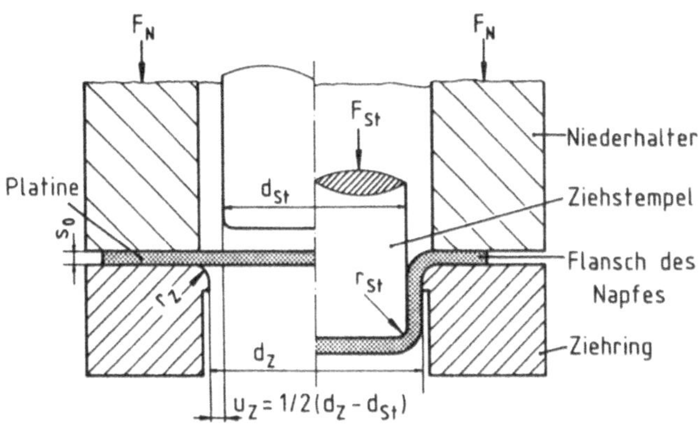

Bild 5: Prinzipielle Darstellung des Tiefziehens.

Die verwendeten Tiefziehparameter sind in Tab. 1 aufgeführt. In erster Linie wurde der Stempelradius r_{St} bei unterschiedlichen relativen Ziehspalten u_Z/s_0 und Ziehverhältnissen $\beta = d_0/d_{St}$ (d_0 - Platinendurchmesser) variiert. Bei relativen Ziehspalten $u_Z/s_0 < 1,0$ wird dem Tiefziehen ein Abstreckvorgang überlagert, so daß die Wanddicke im Vergleich zu Werkstücken hergestellt mit u_Z/s_0 = 1,0 bei u_Z/s_0 = 0,8 um ca. 20% und bei u_Z/s_0 = 0,6 um ca. 40% vermindert wird.

Tabelle 1: Parameter für das Tiefziehen im Erstzug.

Stempel-durchmesser d_{St} [mm]	**Stempelradius** r_{St} [mm]	**relativer Ziehspalt** u_Z/s_0	**Ziehverhältnis** β	**Ziehkanten-radius** r_Z [mm]
80	10 25 40	1,0 0,8 0,6	1,6 1,8 2,0	10

Die verwendeten Schmierstoffe für das Tiefziehen sind in Tab. 2 aufgeführt. Es wurde ein unlegiertes Mineralöl S 100 und ein additivierter Schmierstoff auf Mineralölbasis S 550 verwendet. Weiterhin ist der Schmierstoff S 400 angegeben, der für die Umformverfahren mit Abstreckgleitziehvorgängen verwendet wurde. Dieser Schmierstoff enthielt bei kleinerer Viskosität zusätzlich zu S 550 Haftverbesserer und zeigte beim Abstreckgleitziehen bezüglich Kaltverschweißungen sehr gute Eigenschaften. Die Schmierstoffbezeichnungen richten sich nach den kinematischen Viskositäten bei 20 °C.

Tabelle 2: Verwendete Schmierstoffe.

Schmierstoff	**kinematische Viskosität** [mm^2/s = cSt]		**Additive [Gew.%]**
	T = 20° C	**T = 50° C**	
S 100	116	46	-----
S 550	550	95	Mineralöl 40, Fettstoff 15 Cl-Additiv 20, S-Additiv 20 P-Additiv 5
S 400	400	84	Mineralöl 30, Fettstoff 15 Cl-Additiv 20, S-Additiv 20 P-Additiv 5, Haftverbesserer 10

4.2.2 Niederhalterloses Tiefziehen mit anschließendem Abstreckgleitziehen

Kombinationen der Umformverfahren Tiefziehen ohne Niederhalter und Abstreckgleitziehen (Bild 6) kommen in der Praxis zur Herstellung von Ziehteilen mit großer Höhe zum Einsatz /53, 54/.

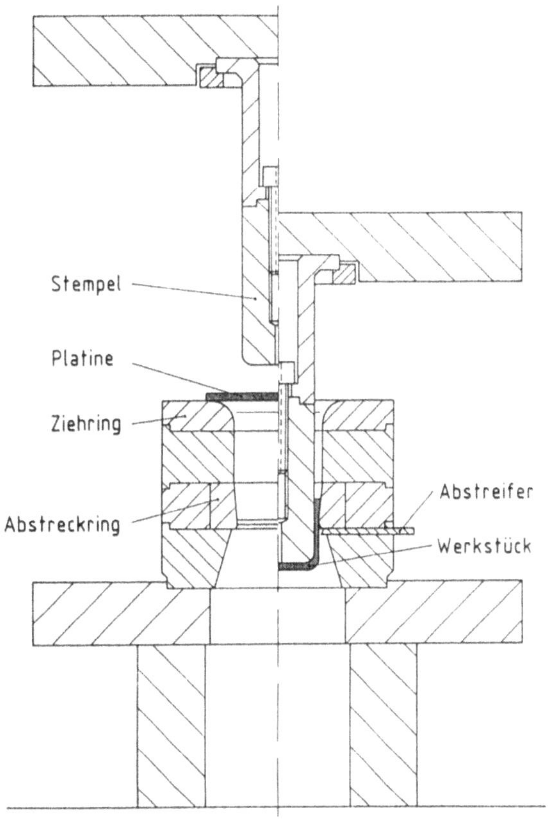

Bild 6: Versuchswerkzeug für das niederhalterlose Tiefziehen mit anschließendem Abstreckgleitziehen.

Der Einsatz des niederhalterlosen Tiefziehens bietet sich bei der Verarbeitung von dickeren Blechen an, bei denen im Gegensatz zu Feinblechen die Gefahr der Faltenbildung erster Art mit steigender Blechdicke bzw. fallendem Verhältnis von d_{St}/s_0 abnimmt. Dabei ergeben sich Vorteile in den Fertigungskosten durch die

Verwendung von einfachwirkenden Pressen und einfacheren Werkzeugkonstruktionen /55, 56/. Weiterhin können im Vergleich zum Tiefziehen mit Niederhalter höhere Ziehverhältnisse erreicht werden. Hierbei muß der Neigung zur Faltenbildung mit einer geeigneten Einlaufform des Ziehringes begegnet werden. Es werden viertelkreis-, kegel- und traktrixförmige Ziehringeinläufe eingesetzt, wobei in dieser Reihenfolge die Gefahr der Faltenbildung abnimmt. In der Praxis finden kegelförmige Ziehringeinläufe aufgrund einfacherer Herstellung eine häufige Verwendung, jedoch benötigen derartige Ziehringe größere Einbauhöhen.

Eine typische Eigenschaft des niederhalterlosen Tiefziehens im Vergleich zum normalen Tiefziehen ist die zum Rand des Napfes hin deutlich stärkere Wandaufdickung, die unerwünscht ist und auch die Ziehteilhöhe einschränkt /57/. Als Gegenmaßnahme können relative Ziehspalte von u_Z/s_0 = 1,0 oder kleiner angewendet werden. Als weitere Möglichkeit bietet sich die Kombination mit einem nachfolgenden Abstreckgleitziehvorgang an, woraus eine gute Genauigkeit und bessere Oberflächengüte der Werkstücke resultieren. Weiterhin führt ein Verfahrensablauf ohne Zwischenglühung zu einem kostengünstigeren Produktionsablauf /58/ und der Möglichkeit, durch Kaltumformung Materialeinsparungen aufgrund einer höheren Bauteilfestigkeit zu erreichen.

Bei der Auslegung des Werkzeuges wurden der Tiefzieh- und der Abstreckgleitziehvorgang ohne Überschneidung getrennt festgelegt. Mit dem verwendeten Ziehkantenradius r_Z = 25 mm war das Ziehverhältnis β = 1,7 noch ohne Faltenbildung tiefziehbar. Nach dem Abstreckgleitziehen wurden die Werkstücke mit Abstreifern vom Stempel entfernt.

Zum Abstreckgleitziehen wurden armierte Abstreckringe (Werkstoff Stahl 1.2379) mit kegelförmigen Einläufen und einer Höhe des zylindrischen Teiles von h_1 = 4 mm gewählt. Es wurden Abstreckringe für vier verschiedene Abstreckgrade mit jeweils drei Abstreckwinkeln α verwendet (Tab. 3). Bezogen auf eine Ausgangswanddicke des Napfes von s_1 = 3,0 mm ergaben sich hierdurch beim Abstreckgleitziehen Umformgrade von $\varphi_A = \ln(A_0/A)$ = 0,23 bis 1,11.

Die Wahl der Abstreckwinkel erfolgte nach den Kriterien, daß der Grenzumformgrad mit fallendem Winkel α zunimmt /59-62/, die Stempelkraft in Abhängigkeit des Umformgrades bei Winkeln von $\alpha \approx 8$ bis 10° im Bereich niedriger Werte liegt und weitere Einflußgrößen wie Reibungsbedingungen und Werkzeugbelastungen in vertretbaren Bereichen liegen /61-64/. Weiterhin wurden die Abstreckwinkel nach Ergebnissen von Busch /59/ so gewählt, daß bei dem Winkel $\alpha = 5°$ die Umform-

Tabelle 3: Werkzeugparameter für das niederhalterlose Tiefziehen und Abstreckgleitziehen.

Niederhalterloses Tiefziehen				
Stempeldurchmesser d_{St} = 77,2 mm Stempelradius r_{St} = 10 mm Ziehringradius r_Z = 25 mm	relativer Ziehspalt u_Z/s_0 = 1,0 Ziehverhältnis β = 1,7			
Abstreckgleitziehen				
Napfwanddicke s_2 [mm]	2,4	2,0	1,5	1,0
Umformgrad φ_A (bezogen auf s_1 = 3,0 mm)	0,23	0,41	0,70	1,11
Abstreckwinkel α [°]	5; 10; 15	5; 10; 15	5; 10; 15	5; 10; 15

kräfte stärker über Reibung zwischen Stempelwand und Werkstück übertragen werden und der Napfboden entlastet wird. Bei dem großen Abstreckwinkel werden hingegen die Umformkräfte vornehmlich über den Werkstückboden eingeleitet. Hiervon wurden Einflüsse auf die Eigenspannungsausbildung der Werkstücke erwartet.

4.2.3 Abstreckgleitziehen mit druckbeaufschlagtem Zargenrand

Die grundsätzliche Möglichkeit, den Eigenspannungszustand abstreckgleitgezogener Werkstücke mit Hilfe einer zusätzlichen Kraftwirkung auf den Zargenrand zu beeinflussen, wurde mit einem neukonstruierten und gebauten Werkzeug (Bild 7) untersucht. Bei diesem Verfahren wird neben der Stempelkraft eine weitere Druckkraft über den Zargenrand eingeleitet. Durch die überlagerte Kraft wird die mittlere Normalspannung in der Umformzone zu negativen Werten hin verschoben, woraus ein höheres Formänderungsvermögen resultiert /65/ und die Entlastung des Napfbodens die Gefahr von Bodenreißern verringert.

Das Verfahrensprinzip ist mit einem Schmierstoffprüfverfahren vergleichbar, in dem ein Streifen mittels Ziehdrücken durch zwei Backen gezogen und gedrückt wird /66, 67/. Ein ähnliches Umformverfahren, bei dem ein Hohl-Vorwärts-Fließpreßvorgang dem Abstreckgleitziehvorgang überlagert wird, wurde in /54/ beschrieben.

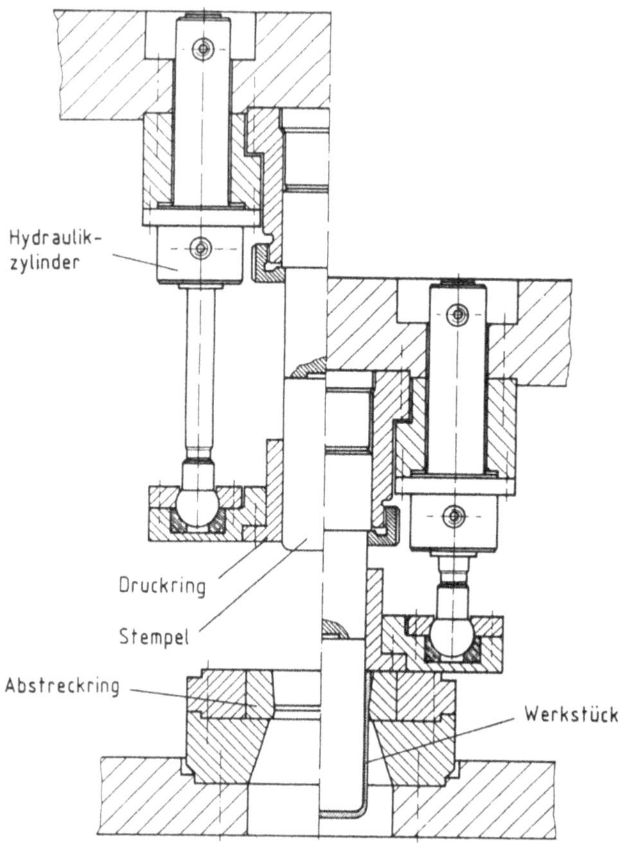

Bild 7: Versuchswerkzeug für das Abstreckgleitziehen mit druckbeaufschlagtem Zargenrand.

Die Kraftübertragung auf den Werkstückrand erfolgte bei der Werkzeuggestaltung über einen Druckring, der mit vier parallelgeschalteten Hydraulikzylindern und einem Aggregat angetrieben wurde. Während des Abstreckvorganges wird der Druckring aufgrund der zunehmenden Höhe des Napfes zurückgedrängt. Dabei baut sich in dem Hydrauliksystem ein konstanter Öldruck auf, der mit einem Druckbegrenzungsventil einstellbar war. Es konnten Kräfte bis F_Z = 100 kN auf den Napfrand aufgebracht werden. Die vorbereiteten Näpfe wurden auf den Stempel geschoben und umgeformt. Nach dem Auseinanderfahren des Werkzeuges blieben die Werkstücke teilweise auf dem Stempel haften und wurden mit dem Druckring abgestreift. Andernfalls wurden die Werkstücke aus dem Abstreckring herausgedrückt.

Die Ausgangswerkstücke wurden durch Tiefziehen mit Niederhalter hergestellt (Tab. 4). Vor dem Abstreckgleitziehen wurden die Ränder der Näpfe abgedreht, so daß eine gleichmäßige Kraftverteilung über dem Napfumfang durch einen ebenen Werkstückrand gewährleistet war. Als Schmierstoff beim Abstreckgleitziehen wurde S 400 verwendet (Tab. 2). Die Abstreckringe waren mit denen für das niederhalterlose Tiefziehen mit anschließendem Abstreckgleitziehen identisch (Tab. 3).

Tabelle 4: Parameter für die Rohteilherstellung beim Tiefziehen.

Herstellung der Rohteile durch Tiefziehen	
Stempeldurchmesser $d_{St} = 77{,}2$ mm Stempelradius $r_{St} = 10$ mm Ziehringradius $r_Z = 16$ mm relativer Ziehspalt $u_Z/s_0 = 1{,}0$ und 0,73	Ziehverhältnis $\beta = 1{,}9$ und 2,1 Niederhalterdruck $p_N = 2$ N/mm^2 Schmierstoff S 400

4.3 Eigenspannungsermittlung

Nachfolgend werden die Untersuchungsmethoden zur Bestimmung der Eigenspannungen I. Art in rotationssymmetrischen Tiefziehteilen dargestellt. Dabei kann bei Werkstücken mit Wandicken um 1,0 mm von zweiachsigen Spannungszuständen in der Zarge ausgegangen werden /36/. In der Zarge liegen somit neben tangentialen und axialen Eigenspannungen keine Schubeigenspannungen vor und die Radialeigenspannungen können vernachlässigt werden.

4.3.1 Zerlegemethode

Die Bestimmung der Biegeeigenspannungen wurde mit einer Zerlegemethode /36, 43, 46/ durchgeführt. Diese Methode wurde auf alle in der Untersuchung vorkommenden Werkstückgeometrien angewendet. Mit Hilfe einer mechanischen Bearbeitung werden durch Freisetzen der inneren Spannungen und die damit verbundenen Maßänderungen die tangentialen und axialen Biegeeigenspannungen in der äußeren Oberfläche der Napfwand in Umfangs- und Längsrichtung gemessen.

Dabei wird über der Wanddicke ein linearer Eigenspannungsverlauf angenommen, bei dem an den gegenüberliegenden Oberflächen betragsmäßig gleich große Eigenspannungswerte mit unterschiedlichen Vorzeichen vorliegen (Bild 8). Hierdurch geben die Biegeeigenspannungen eine integrale Aussage über den Eigenspannungszustand an.

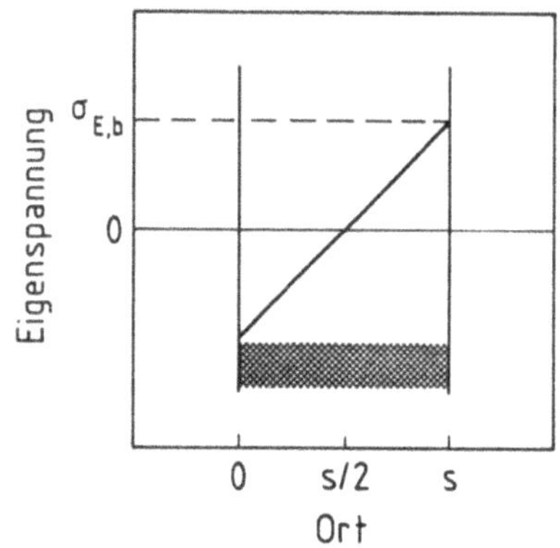

Bild 8: Angenommener Eigenspannungsverlauf über der Wanddicke bei der Biegeeigenspannungsmessung.

Bei der tangentialen Biegeeigenspannungsmessung wurden in Napfumfangsrichtung 1,5 mm breite Ringe in verschiedenen Napfhöhen abgestochen (Bild 9). Anschließend wurden der Radius r_0 und die Blechdicke s des Ringes mit einem Meßmikroskop gemessen. Nach dem Auftrennen des Ringes wurde der Radius r_1, der sich aufgrund der Rückfederung einstellt, bestimmt. Nach Gl. (4) werden die tangentialen Biegeeigenspannungen $\sigma_{E,b}^{tan}$ berechnet:

$$\sigma_{E,b}^{tan} = E \cdot \frac{s}{2} \cdot \left(\frac{1}{r_0} - \frac{1}{r_1}\right) \qquad (4)$$

(E - Elastizitätsmodul).

Bei der Auswertung wurde die kreisrunde Form der Ringe vor und nach dem Auftrennen überprüft. Für jede Bestimmung der tangentialen Biegeeigenspannungen wurden mindestens zwei Werkstücke verwendet. Während der Zerspanung wurde auf die Vermeidung einer übermäßigen Temperaturentwicklung des Probenmaterials geachtet, indem ein gut präparierter Abstechstahl und Preßluft zur Kühlung verwendet wurde. Weiterhin sorgte ein massiver Aluminiumzylinder, auf dem die Werkstücke zum Abdrehen gespannt wurden, für einen guten Wärmeausgleich.

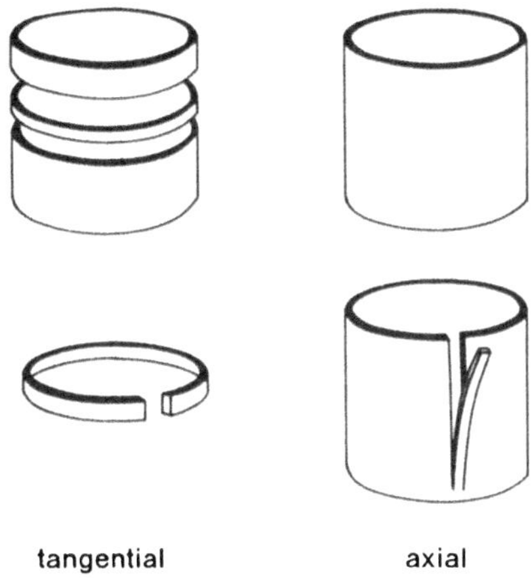

Bild 9: Art der Probenentnahmen für die Messung der tangentialen und axialen Biegeeigenspannungen.

Zur Messung der axialen Biegeeigenspannungen $\sigma_{E,b}^{ax}$ wurde die Krümmung ρ_0 der Zarge in Abhängigkeit der Napfhöhe bestimmt. Dazu wurde mit einem induktiven Meßtaster die Kontur y_i in axialer Richtung in Abständen von $\Delta x = 2{,}0$ mm aufgenommen und die Krümmungen näherungsweise nach Gl. (5) berechnet.

$$\rho_0 = \frac{y_1 - 2y_2 + y_3}{(\Delta x)^2} \tag{5}$$

Anschließend wurde die Meßstelle in Form einer ca. 2 mm breiten Zunge (Bild 9) mit Sägeschnitten herausgetrennt und wiederum der Krümmungsverlauf ρ_1 über der Probenlänge ermittelt. Dazu wurde die Zunge auf einem Probenträger mit einem Reaktionskleber (X 60 zur Applikation von Dehnungsmeßstreifen) befestigt. Nach Gl. (6) wird schließlich aus der Differenz der Krümmungsverläufe die Verteilung der axialen Biegeeigenspannungen über der Napfhöhe berechnet.

$$\sigma_{E,b}^{ax} = E \cdot \frac{s}{2} \cdot (\rho_0 - \rho_1) \tag{6}$$

Für die Bestimmung eines axialen Biegeeigenspannungsverlaufes wurden jeweils die beiden gegenüberliegenden Meßorte zweier Werkstücke in ursprünglicher Walzrichtung der Platine vermessen und somit aus vier Eigenspannungsverläufen der Mittelwert gebildet. Die E - Module wurden mit E = 114 000 N/mm^2 für CuZn

30 und mit E = 110 000 N/mm^2 für CuZn 37 angenommen /68, 69/. Dabei blieb die Abhängigkeit des E - Moduls von der Verfestigung /70/ unberücksichtigt.

Die Ergebnisse der Eigenspannungsmessungen sind in den Diagrammen über der Zargenhöhe h_Z, deren Nullpunkt der Übergang von der Napfrundung in die Zarge an der Innenseite ist, dargestellt (Bild 10). Hierdurch sind die Ergebnisse von mit unterschiedlichen Stempelradien hergestellten Näpfen sinnvoll vergleichbar.

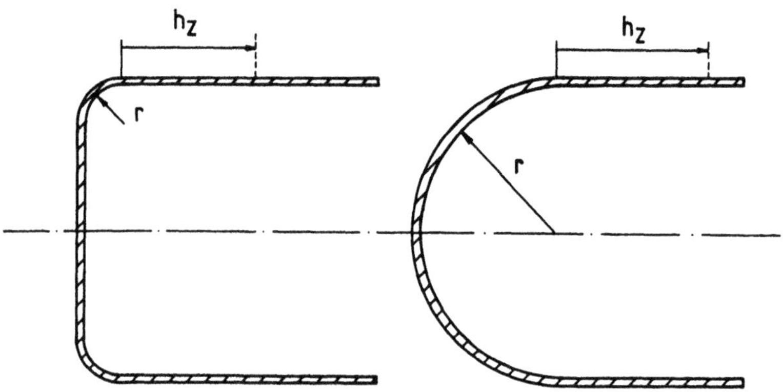

Bild 10: Definition der Zargenhöhe h_Z.

Mit der mechanischen Bearbeitung der Werkstücke ist eine Beeinflussung des Eigenspannungszustandes der Proben an den Schnittkanten zu erwarten. In Bild 11 sind Gefügeaufnahmen von Anschnitten eines abgespanten Ringes und einer ausgesägten Zunge dargestellt. Hieraus sind Randeinflußzonen für das Abstechen der Ringe von 20 - 30 μm und für das Sägen der Zungen von ca. 40 - 50 μm zu entnehmen. Große Temperaturentwicklungen, die beim Abstechen lokal auftreten können, werden sich nur in diesen Randzonen auswirken. Insgesamt ist demnach eine vernachlässigbare Beeinflussung des Probenmaterials anzunehmen.

a. Abgestochener Ring (Überblick)

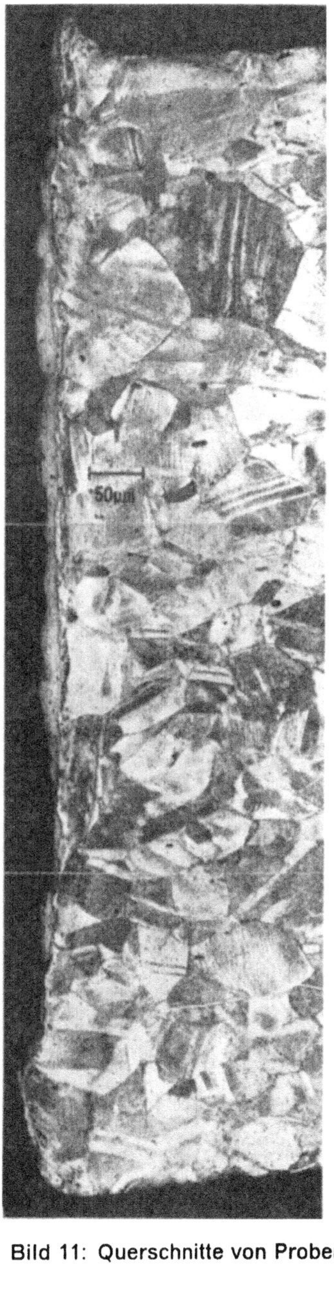

b. Ausschnitt aus Teilbild a. (linker Rand)

c. Gesägte Kante einer Zunge

Bild 11: Querschnitte von Proben für die Biegeeigenspannungsmessung.

4.3.2 Beugungsmethoden

4.3.2.1 Theoretische Grundlagen

Die zerstörungsfreie Messung von Eigenspannungen durch Bestimmung der elastischen Verzerrungen des Kristallgitters ist mit der Beugung von Röntgen- oder Neutronenstrahlung möglich. Bei der röntgenographischen Spannungsmessung ist das $\sin^2\psi$ - Verfahren zur Messung von Oberflächeneigenspannungen anwendbar /71/. Dieses Verfahren läßt sich für die Messung von Spannungen im Werkstoffinneren auf die Neutronenbeugung übertragen /72-74/.

Die Ableitung des $\sin^2\psi$ - Verfahrens geht von der Annahme eines ebenen Spannungszustandes im oberflächennahen Bereich aus. Danach gilt für die elastische Dehnung $\varepsilon_{\varphi,\psi}$ nach der linearen Elastizitätstheorie die Gleichung

$$\varepsilon_{\varphi,\psi} = \frac{1}{2} \cdot s_2 \cdot (\sigma_1 \cos^2\varphi + \sigma_2 \sin^2\varphi) \cdot \sin^2\psi + s_1 \cdot (\sigma_1 + \sigma_2). \qquad (7)$$

Darin bedeuten σ_1 und σ_2 die Hauptspannungsrichtungen, die parallel zur Oberfläche orientiert sind, und $s_1 = -\nu/E$ und $s_2 = 2(\nu + 1)/E$ die elastischen Konstanten. Die Winkel φ und ψ der Dehnungsrichtung $\varepsilon_{\varphi,\psi}$ sind in Bild 12 dargestellt.

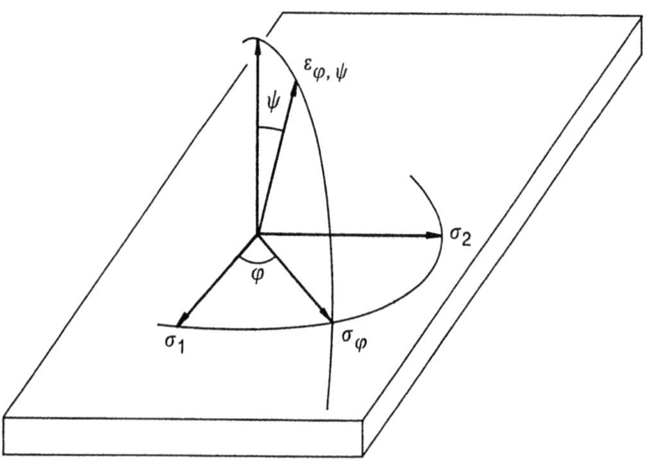

Bild 12: Definition der Dehnungsrichtung $\varepsilon_{\varphi,\psi}$ im ebenen Spannungszustand.

Für einen beliebigen aber konstanten Winkel φ gilt nun, daß $\varepsilon_{\varphi,\psi}$ linear von $\sin^2\psi$ abhängig ist. Bei Vorgabe eines Wertes für φ vereinfacht sich Gl. (7) mit

$$(\sigma_1 \cos^2\varphi + \sigma_2 \sin^2\varphi) = \sigma_\varphi \tag{8}$$

zu

$$\varepsilon_{\varphi,\psi} = \frac{1}{2} \cdot s_2 \cdot \sigma_\varphi \cdot \sin^2\psi + s_1 \cdot (\sigma_1 + \sigma_2). \tag{9}$$

Die elastische makroskopische Dehnung $\varepsilon_{\varphi,\psi}$ wird nun unter der Annahme bestimmt, daß sie mit der Gitterdehnung $\Delta D/D_0$ identisch ist:

$$\frac{\Delta D}{D_0} = \frac{D - D_0}{D_0} = \varepsilon_{\varphi,\psi} \tag{10}$$

(D - Gitterebenenabstand, D_0 - Gitterebenenabstand im spannungsfreien Zustand). Aus Gl. (9) und (10) folgt

$$\frac{\Delta D}{D_0} = \frac{1}{2} \cdot s_2 \cdot \sigma_\varphi \cdot \sin^2\psi + s_1 \cdot (\sigma_1 + \sigma_2). \tag{11}$$

Bei der Anwendung des $\sin^2\psi$ - Verfahrens werden in der Ebene, die von der Spannungsrichtung und der Oberflächennormalen aufgespannt wird, unter verschiedenen Winkeln ψ der Gitterebenenabstand einer Netzebenen D_{hkl} gemessen (Bild 13) und über $\sin^2\psi$ aufgetragen. Unter der Voraussetzung einer linearen Abhängigkeit der Meßwerte gilt für die Steigung m_φ der Ausgleichsgeraden

$$m_\varphi = \frac{1}{2} \cdot s_2 \cdot \sigma_\varphi. \tag{12}$$

Hieraus kann die Spannung σ_φ berechnet werden. Aus der Kenntnis der Hauptspannungsrichtungen, d.h. bei Messung in Richtung $\varphi = 0°$ oder 90° werden unmittelbar nach

$$\sigma_1 = \frac{m_{\varphi = 0°;\,90°}}{\frac{1}{2} \cdot s_2} \tag{13}$$

die Hauptspannungen σ_1 oder σ_2 bestimmt.

Der Gitterebenenabstand D_{hkl} wird aus den Beugungsexperimenten mit Hilfe der Bragg - Gleichung /75/ aus dem Beugungswinkel ϑ und der Wellenlänge λ ermittelt:

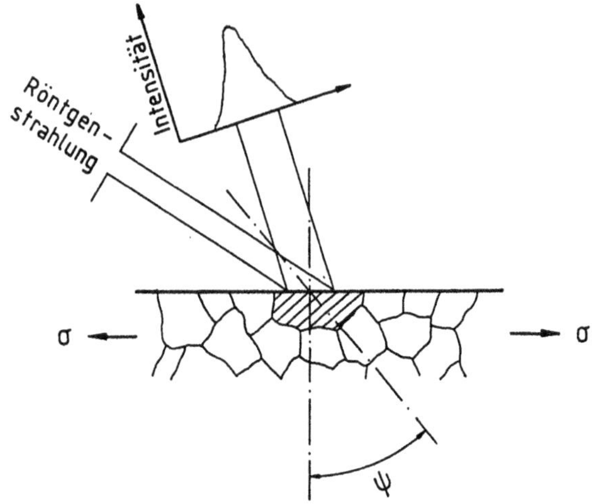

Bild 13: Prinzipielle Anordnung des $\sin^2\psi$ - Meßverfahrens.

$$2 \cdot D_{hkl} \cdot \sin \vartheta = \lambda. \tag{14}$$

Für den Zusammenhang zwischen der Gitterkonstanten D_0 und einer beliebigen Gitterebenen D_{hkl} gilt im kubischen Kristallgitter

$$D_{hkl} = \frac{D_0}{\sqrt{h^2 + k^2 + l^2}}. \tag{15}$$

4.3.2.2 Röntgenbeugung

Die röntgenographische Eigenspannungsbestimmung wurde vom Fraunhofer - Institut für Werkstoffmechanik, Freiburg mit einem Diffraktometer Siemens D 500 durchgeführt. Es wurden jeweils die Spannungswerte an den $\{331\}$ - und $\{420\}$ - Gitterebenen gemessen und die Eigenspannung als Mittelwert angegeben. Die $D,\sin^2\psi$ - Verläufe (Bild 14) wurden mit CuK_α - Strahlung (λ = 0,1541 nm) im Bereich von $\sin^2\psi \leq 0{,}5$ für positive und negative ψ - Winkel vermessen.

Die Beugungslinien wurden mit einem ortsempfindlichen Detektor aufgenommen und mit einem Rechner nach der Schwerpunktsmethode ausgewertet. Dabei erfolgte die Berechnung der Gitterebenenabstände bei unterschiedlichen Schwell-

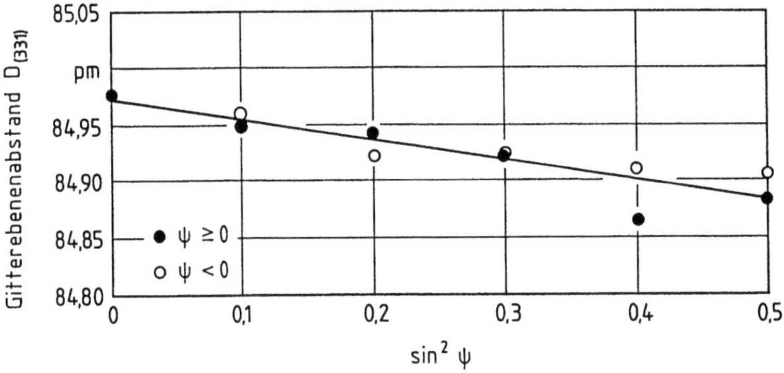

Bild 14: Beispiel einer röntgenographisch gemessenen D,$\sin^2\psi$ - Verteilung.

bedingungen, d.h. die Festlegung des Auswertebereiches oberhalb verschiedener Mindestintensitäten. Der hieraus gebildete Mittelwert des Gitterebenenabstands geht schließlich in die $\sin^2\psi$ - Auswertung ein. Für die Ermittlung der Spannungswerte aus den Steigungen wurden für s_1 anstatt der mechanischen Elastizitätskonstanten die röntgenographischen Elastizitätskonstanten (REK) verwendet. Hierdurch wird der Einfluß der elastischen Anisotropie des Kristallgitters berücksichtigt.

Die Ermittlung der REK's erfordert großen experimentellen Aufwand, indem an eine Zugprobe unterschiedliche Spannungen angelegt und mit den Dehnungen einer Gitterebenen verglichen werden. Der REK - Wert wird für jede Gitterebene aus dem Zusammenhang zwischen der anliegenden Spannung und der tatsächlichen Gitterebenendehnung berechnet /76, 77/. Weiterhin bietet sich die Möglichkeit der theoretischen Berechnung der REK - Werte nach den Annahmen von Voigt, Reuß oder Kröner an /77/. Als beste Näherung für $1/2 \cdot s_2$ der Gitterebenen $\{331\}$ und $\{420\}$ wurden die nach der Annahme von Kröner /78/ berechneten REK - Werte aus /79, 80/ entnommen (Tab. 5). Nach dieser Annahme hängt der REK - Wert einer Gitterebenen $\{hkl\}$ linear vom Orientierungsfaktor Γ ab:

$$\Gamma = \frac{h^2k^2 + k^2l^2 + h^2l^2}{(h^2 + k^2 + l^2)^2} . \qquad (16)$$

Tabelle 5: Röntgenelastische Konstanten (REK) für CuZn 30.

Gitterebene {hkl}	$1/2 \cdot s_1$ [mm^2/N]
{331}	$10{,}4 \cdot 10^{-6}$
{420}	$12{,}9 \cdot 10^{-6}$

Die Eindringtiefe der Röntgenstrahlung ist im Fall von CuK_α bei CuZn - Legierungen ungefähr 8 μm. Der vom Röntgenstrahl beleuchtete Meßort hatte eine Fläche von 0,5 x 2 mm^2.

4.3.2.3 Neutronenbeugung

Mit der Verwendung von Neutronenstrahlung zur Eigenspannungsanalyse im Werkstoffinneren besteht die Möglichkeit, Gitterverzerrungen direkt in Hauptspannungsrichtung zu messen und mit dem Gitterebenenabstand des spannungslosen Zustandes die elastische Dehnung zu bestimmen /81-86/. Mit Hilfe des E - Moduls und der Querkontraktionszahl ν wird die Spannung aus den Dehnungen in den Hauptspannungsrichtungen berechnet /86/:

$$\sigma_1 = \frac{E}{(1+\nu)(1-2\nu)} [(1-\nu)\varepsilon_1 + \nu(\varepsilon_2 + \varepsilon_3)]. \tag{17}$$

Für die anderen Hauptspannungen σ_2 und σ_3 gelten analoge Gleichungen. Bei dieser Vorgehensweise sind an die Meßgenauigkeit der Versuchseinrichtung hohe Anforderungen zu stellen, um den Meßfehler der Gitterkonstanten, der proportional in das Ergebnis eingeht, klein zu halten. In diesem Zusammenhang muß auch die Gitterkonstante des Probenmaterials sehr genau bestimmt werden.

Im Gegensatz dazu müssen bei der $\sin^2\psi$ - Methode die elastischen Gitterdehnungen nicht bekannt sein. Eine Auftragung der Gitterebenenabstände D_{100} über $\sin^2\psi$ ermöglicht eine Berechnung des Spannungswertes nach Gl. (18) aus der Änderung des Gitterebenenabstands /87/.

$$\sigma_1 = \frac{1}{D_0} \cdot \frac{\partial D_{100}}{\partial \sin^2\psi} \cdot \frac{1}{\frac{1}{2} s_2} \tag{18}$$

Für die Gitterkonstante D_0 kann ein Wert aus den gemessenen Gitterebenenabständen D_{100} verwendet werden, da die elastischen Gitterverzerrungen die Gitterkonstante nur in der Größenordnung von 0,1 % ändern /88/. Hierdurch resultiert für den Spannungswert nur ein unwesentlicher Fehler. Die Auswertung der Meßpunkte erfolgte durch lineare Regression, so daß ein differentielles Ergebnis vorliegt und bezüglich der Genauigkeit ein weiterer Vorteil erhalten wird.

Die Eigenspannungsmessungen mit der Neutronenbeugung wurden mit dem $\sin^2\psi$ - Verfahren durchgeführt, wobei in den Napfwänden der Werkstücke ein ebener Spannungszustand vorausgesetzt wurde. Die experimentelle Vorgehensweise wurde auf das gegenüber der Röntgenstrahlung wesentlich höhere Durchstrahlungsvermögen der Neutronen angepaßt. Die Durchstrahlungstiefe von thermischen Neutronen ist in den meisten Werkstoffen um den Faktor 10^3 größer. Als Beispiel können Halbwertsbreiten für Stahl von 6 mm und für Aluminium von 70 mm angegeben werden /88/. Die geringere Absorption von Neutronenstrahlung hat als Ursache eine geringe Wechselwirkung der Neutronen mit den Atomen, wodurch die Intensität von gebeugter Neutronenstrahlung klein ist und daher gegenüber der Röntgenbeugung längere Meßzeiten notwendig sind. Die experimentelle Versuchsdurchführung ist in Kap. 7.1 beschrieben.

4.4 Korrosionsversuche

Für den Nachweis der Spannungsrißkorrosionsanfälligkeit von Bauteilen aus CuZn – Werkstoffen sind in den DIN - Normen verschiedene Prüfverfahren angegeben, die unterschiedliche Reagenzien bzw. korrosionsauslösende Umgebungsmedien vorsehen. Die Korrosionstests unterscheiden sich bezüglich der Empfindlichkeit auf den Spannungszustand, den Rißwachstumsmechanismen und -geschwindigkeiten und dem Bezug zu realen Korrosionsbedingungen.

Der Quecksilbernitratversuch nach DIN 50 911 ist für den Nachweis von Eigenspannungen in Halbzeugen oder Bauteilen vorgesehen. Hier wirkt als spannungsrißförderndes Reagenz elementares Quecksilber, das nur an den Korngrenzen angreift und bei stark verfestigten Proben einem erhöhten Widerstand gegen das Eindringen begegnet /17, 89/. Dieser Versuch spricht nach allgemeinen Erfahrungen nur bei Spannungen höher als 100 N/mm^2 an, so daß bei kleineren Spannungen Spannungsrißkorrosion z.B. durch Ammoniak nicht ausgeschlossen werden kann /89/. Nachteilig für diesen Versuch ist die nicht gegebene Praxisnähe durch das Reagenz Hg.

In DIN 50 916 sind Spannungsrißkorrosionsversuche mit Ammoniak als auslösendem Reagenz beschrieben. Die Prüfung nach Teil 1 mit einer Kupfertetramminlösung läuft vergleichbar mit dem Quecksilbernitratversuch als Tauchprüfung in wässriger Lösung ab, wobei hier auch kleinere Spannungen angezeigt werden. Ebenfalls ist aber das Reaktionsmedium mit realen Umgebungsbedingungen nicht vergleichbar.

Der in der Untersuchung verwendete Korrosionsversuch wurde in Anlehnung an die in DIN 50 916, Teil 2 beschriebenen Prüfmethode mit Ammoniakdampf durchgeführt. Die Prüfung unter Einwirkung von Ammoniakdampf bietet aufgrund einer hohen Empfindlichkeit wesentliche Vorteile /16/. Im Gegensatz zu wässrigen Lösungen werden kürzere Auslagerungszeiten und besser reproduzierbare Bedingungen erhalten. Auf der Oberfläche der Proben bildet sich ein dünner Lösungsfilm, in dem das als kathodischer Bereich wirkende CuO sehr schnell entsteht /90/.

Die auf Spannungsrißkorrosion zu untersuchenden Proben wurden in einem Exsikkator der ammoniakhaltigen Dampfphase einer Prüflösung ausgesetzt. Die Prüflösung bestand aus einer wässrigen Ammoniumacetat - Lösung (NH_4CH_3COO, 4 mol/l), die unter Zugabe von NaOH mit Hilfe einer Glaselektrode auf pH 10 $\pm$ 0,1 eingestellt wurde (DIN 90 916, Teil 2: NH_4Cl, 2 mol/l). Über einer solchen Lösung entsteht in einem geschlossenen Gefäß eine Gleichgewichtsdampfatmosphäre, die je nach Einwaage und Prüftemperatur einen eindeutig bestimmten Gehalt an Ammoniak, Wasserdampf und Sauerstoff aufweist. Aufgrund der Pufferwirkung des Ammoniums in diesem pH-Bereich und einer genügend hohen Einwaage bleibt die Ammoniakdampfkonzentration über einen größeren Zeitraum unverändert. Eine Verarmung an NH_3 in der Lösung tritt erst bei Erschöpfung der Pufferkapazität ein. Eine weitere Eigenschaft derartiger Salzlösungen ist der erniedrigte Wasserdampfdruck, wodurch Kondenswasserbildung und störende Wassertropfen auf den Proben, die den Korrosionsvorgang verfälschen, ausbleiben. Diese Prüflösung wurde erstmals von Gräber /4/ angewendet und bewährte sich in zahlreichen Versuchen.

Für reproduzierbare Versuchsergebnisse ist die Probenvorbehandlung von großer Bedeutung. Hierfür wurden die Näpfe sorgfältig entfettet, in 20%-Schwefelsäure (kalt) geätzt, in destilliertem Wasser gespült und anschließend getrocknet. Zu jedem Korrosionstest wurden 4 gleichartige Näpfe eingesetzt. Die Versuche fanden bei Raumtemperatur statt. Die Ermittlung der Rißtiefe D erfolgte an den Stellen, die visuell die stärkste Schädigung vermuten ließen. Senkrecht zu den Rißverläufen wurden Anschnitte herausgetrennt, die Querschnitte geschliffen und elektropoliert und die größten Risse mit einem Meßmikroskop ausgemessen.

Die relative Rißtiefe D/s (Rißtiefe bezogen auf die örtliche Probendicke) wurde in einfachlogarithmischen Diagrammen über dem Logarithmus der Zeit aufgetragen. Dabei werden näherungsweise lineare Abhängigkeiten beobachtet. Mit diesen Darstellungen (Bild 15) sind aus der Steigung der Geraden Informationen über die Rißfortschrittsgeschwindigkeit und durch Extrapolation auf die Rißtiefe Null die Anrißzeit und auf die Rißtiefe 100% die Standzeit zu gewinnen.

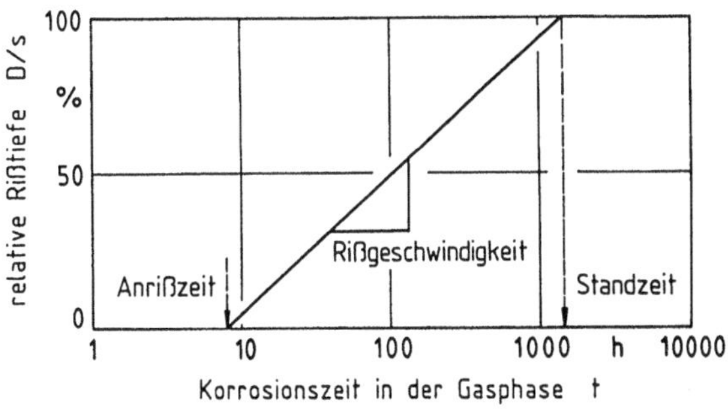

Bild 15: Darstellung der Ergebnisse aus den Korrosionsversuchen.

Bei dem angewendetem Prüfverfahren handelt es sich um einen Schnelltest, dessen Korrosionsreagenz in der Umgebungsatmosphäre wirklich auftritt und auch Schäden durch Spannungsrißkorrosion verursacht /89-92/. Somit kann von einem realitätsnahen Prüfverfahren gesprochen werden /35/. Hinsichtlich der Aussagefähigkeit von Ergebnissen dieses Schnelltests bezüglich dem Bauteilverhalten unter Praxisbedingungen sind keine konkreten Aussagen abzuleiten, da eine genaue Kenntnis der Umgebungsbedingungen und deren Wirkung auf das Bauteil bekannt sein müßten. In der Praxis ist auch mit wesentlichen Einschränkungen der Lebensdauer durch außerordentliche Ammoniakbelastungen wie z.B. durch Ausgasungen anderer Bauteile (Kunststoffe), mikrobiologische Vorgänge oder Reinigungsmittel zu rechnen /89, 93/. Für vergleichende Untersuchungen ist der Schnelltest jedoch sehr gut geeignet, wobei differenzierte Aussagen bezüglich des Spannungsrißkorrosionsverhaltens unter vertretbaren Versuchszeiträumen gewonnen werden.

5 Eigenspannungen und Spannungsrißkorrosion beim Tiefziehen mit Niederhalter (Zerlegemethode)

Beim axialsymmetrischen Tiefziehen werden die Eigenspannungen und das Spannungsrißkorrosionsverhalten der Werkstücke sowohl vom Stempelradius als auch vom relativen Ziehspalt und Ziehverhältnis beeinflußt. Im folgenden sind die Ergebnisse entsprechend den Tiefziehparametern unterteilt und beschrieben. Für die Versuche wurde der Werkstoff CuZn 30 verwendet und ein Niederhalterdruck von $p_N = 2\ N/mm^2$ eingehalten.

5.1 Einfluß des Stempelradius bei verschiedenen Ziehspalten und Ziehverhältnissen

Ziehversuche bei dem Ziehverhältnis $\beta = 1{,}6$ und $u_Z/s_0 = 1{,}0$

Die tangentialen und axialen Biegeeigenspannungsverteilungen tiefgezogener Werkstücke, die bei dem relativen Ziehspalt $u_Z/s_0 = 1{,}0$ hergestellt wurden, weisen die höchsten Eigenspannungen im Bereich kleiner Zargenhöhen auf (Bild 16 und 17). Mit steigender Zargenhöhe fallen die Eigenspannungen zu kleineren Werten ab. Bei der Ziehspaltgeometrie $u_Z/s_0 = 1{,}0$, bei der die Ausgangsblechdicke gleich der Ziehspaltweite ist, wird während dem Tiefziehen durch die zunehmende Aufdickung des Flansches ein zunehmender Abstreckvorgang überlagert, woraus die Verringerung der Eigenspannungen zum Napfrand hin resultiert.

Der Vergleich der Kurvenverläufe verdeutlicht den Einfluß des Stempelradius auf die Eigenspannungsverteilung bei dem Ziehverhältnis $\beta = 1{,}6$. Sowohl bei den tangentialen als auch den axialen Biegeeigenspannungen nehmen mit steigendem Stempelradius r_{St} die Maximalwerte ab.

Die Korrosionsversuche verdeutlichen bei diesen Werkstücken (Bild 18) die Bereiche der höchsten Eigenspannungen aufgrund der höchsten Spannungsrißkorrosionsanfälligkeit. Für die beiden Stempelradien $r_{St} = 10$ und 40 mm trat die Spannungsrißschädigung vorrangig in Form von tangentialen Rissen in Umfangsrichtung bei kleinen Zargenhöhen auf, wobei für $r_{St} = 40$ mm auch der Napfboden mitbetroffen war. Diese Rißausbreitung wird durch axiale Eigenspannungen hervorgerufen und kann mit den höheren axialen Zugbiegeeigenspannungen im Vergleich zu den tangentialen Werten begründet werden.

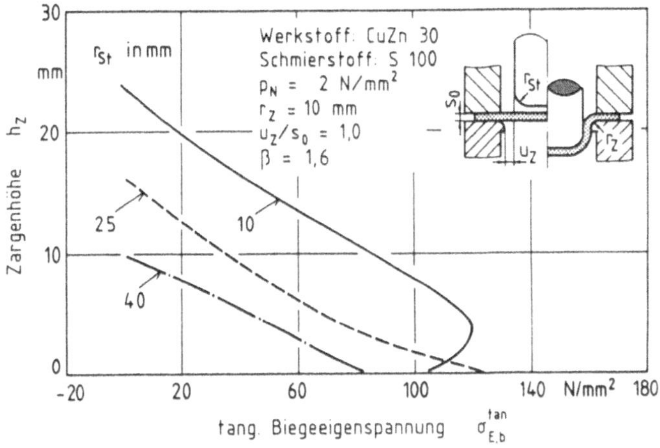

Bild 16: Tangentiale Biegeeigenspannungen von CuZn 30 bei verschiedenen Stempelradien (β = 1,6; u_Z/s_0 = 1,0).

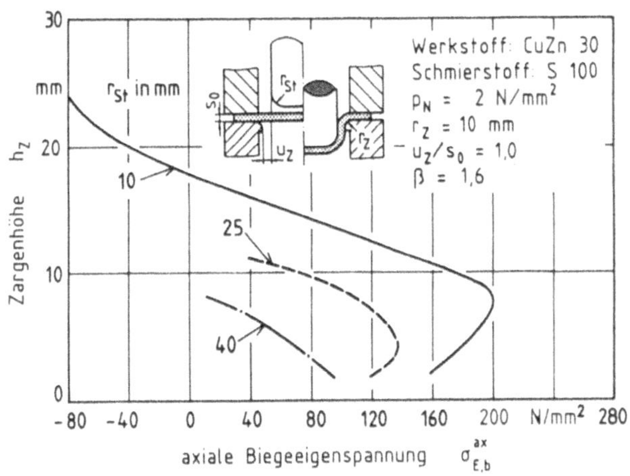

Bild 17: Axiale Biegeeigenspannungen von CuZn 30 bei verschiedenen Stempelradien (β = 1,6; u_Z/s_0 = 1,0).

Das korrosive Verhalten der beiden Werkstückgeometrien unterscheidet sich in der Rißfortschrittsgeschwindigkeit und der Anrißzeit. Die Standzeit ist aber vom Stempelradius unabhängig. Im betrachteten Fall bestimmt im wesentlichen die

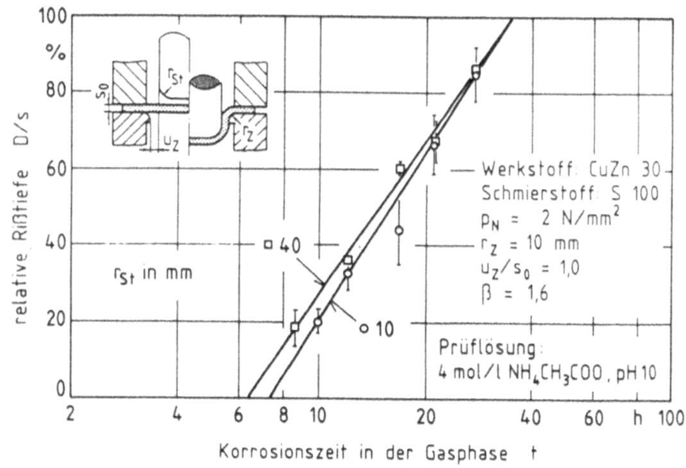

Bild 18: Spannungsrißkorrosion von CuZn 30 bei verschiedenen Stempelradien (β = 1,6; u_Z/s_0 = 1,0).

Höhe der Eigenspannung die Rißfortschrittsgeschwindigkeit. Bei dem Stempelradius r_{St} = 10 mm verursachen höhere Biegeeigenspannungen das schnellere Rißwachstum, das weiterhin auch von einer geringeren Werkstoffverfestigung in dem spannungsrißgeschädigten Bereich begünstigt wird. Hierfür sind zur Beurteilung der örtlichen Verfestigung die Ergebnisse von Härtemessungen in Bild 19 dargestellt. Mit einem Kleinlasthärteprüfgerät wurde die Vickershärte HV 2 in der Wandmitte über der Napfabwicklung bestimmt. Zwischen einer vorausgegangenen Kaltumformung und der Vickershärte besteht ein eindeutiger Zusammenhang /59/. Der Vergleich der Härtewerte der mit Schraffur hervorgehobenen Hauptschädigungsgebiete weist bei r_{St} = 10 mm auf eine geringere Verfestigung hin, woraus eine höhere Rißgeschwindigkeit resultiert.

Der Unterschied in den Anrißzeiten ist mit der Höhe der Biegeeigenspannungen nicht erklärbar. Die geringere Anrißzeit bei r_{St} = 40 mm steht einem niedrigeren Biegeeigenspannungswert gegenüber. Während der Inkubationszeit bilden sich zunächst kleine Anrisse durch einen Oberflächenkorrosionsangriff, der durch Eigenspannung in der Oberfläche empfindlich beeinflußt wird /13/. Wie am Beispiel einer anderen Werkstückgeometrie noch dargestellt wird, kann der Oberflächeneigenspannungszustand mit Hilfe der Biegeeigenspannungen nicht beurteilt werden. Die Anrißzeit wird beeinflußt vom Weg, den die Anrisse zurücklegen müssen bis eine ausreichende Spannungsüberhöhung an der Rißspitze vorliegt, und von der Verfestigung. Der Vergleich der Härtewerte in den spannungsrißgeschädigten Bereichen (Bild 19) zeigt bei dem Stempelradius r_{St} = 40 mm, daß die kürzere Anrißzeit mit einer höheren Verfestigung zusammenfällt. Dieser Zusammenhang wurde von Gräber /4/ dargestellt.

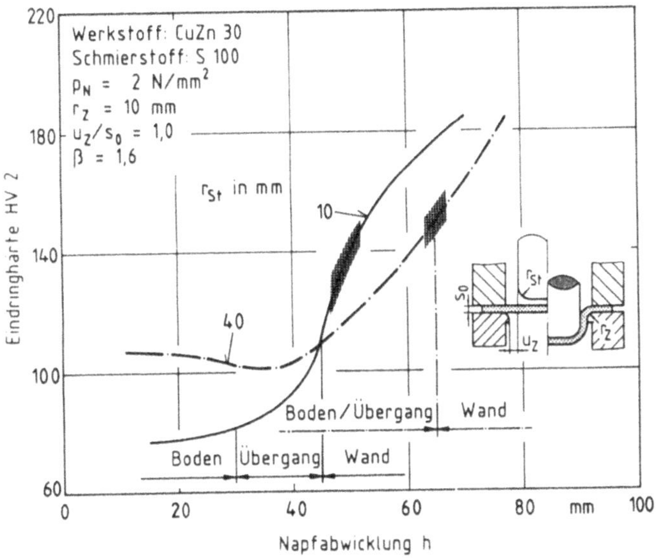

Bild 19: Härteverteilungen (Vickers) von CuZn 30 bei verschiedenen Stempelradien (β = 1,6; u_Z/s_0 = 1,0); die Gebiete der primären Korrosionsschädigung sind schraffiert.

Ziehversuche bei dem Ziehverhältnis $\beta = 1{,}6$ und u_Z/s_0 = 0,8 und 0,6

Bei relativen Ziehspalten $u_Z/s_0 \leq 1{,}0$ wird der Einfluß des Stempelradius auf die tangentialen und axialen Biegeeigenspannungen deutlich herabgesetzt. Die tangentialen Eigenspannungsverläufe bei dem relativen Ziehspalt u_Z/s_0 = 0,8 weisen über der Napfhöhe betragsmäßig kleine Werte auf und werden vom Stempelradius nur gering beeinflußt (Bild 20). Die axialen Eigenspannungen verringern sich gegenüber u_Z/s_0 = 1,0 auf etwa die Hälfte und der Einfluß des Stempelradius ist ebenfalls nur noch von geringer Bedeutung. Die Verwendung des relativen Ziehspaltes u_Z/s_0 = 0,6 (Bild 21) führt bei den tangentialen Eigenspannungen noch-

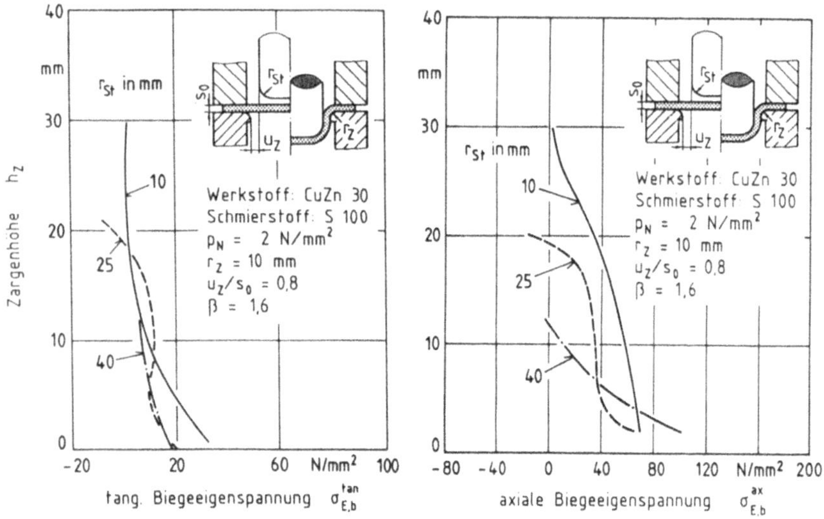

Bild 20: Tangentiale und axiale Biegeeigenspannungen von CuZn 30 bei verschiedenen Stempelradien (β = 1,6; u_Z/s_0 = 0,8).

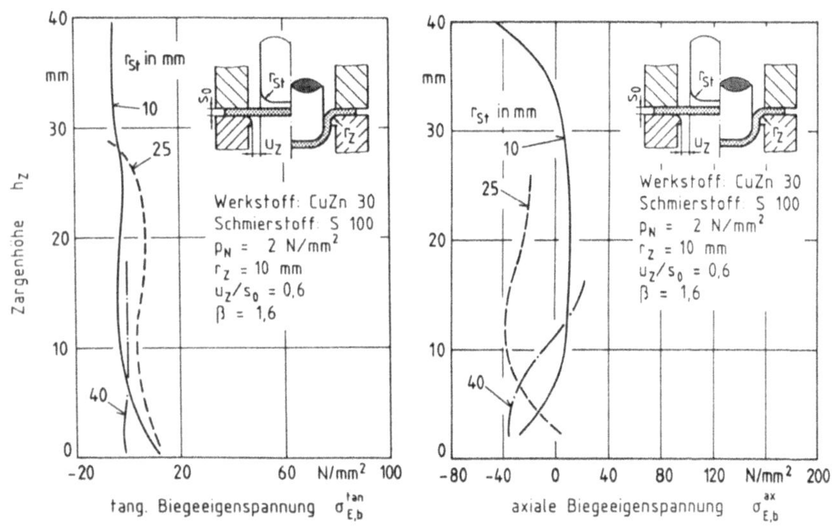

Bild 21: Tangentiale und axiale Biegeeigenspannungen von CuZn 30 bei verschiedenen Stempelradien (β = 1,6; u_Z/s_0 = 0,6).

mals zu einer geringfügigen Erniedrigung der Werte bei einer gleichmäßigeren Verteilung über der Napfhöhe. Die axialen Eigenspannungen liegen nun im gleichen Bereich wie die tangentialen Eigenspannungen. Ausgehend von den Ergebnissen der Biegeeigenspannungsmessungen ist bei $u_Z/s_0 < 1{,}0$ kein wesentlicher Einfluß des Stempelradius auf das Spannungsrißkorrosionsverhalten zu erwarten. Daher wurde von Korrosionsversuchen an diesen Werkstücken abgesehen.

Zusammenfassend ist festzustellen, daß nur bei dem relativen Ziehspalt $u_Z/s_0 = 1{,}0$ der Einfluß des Stempelradius auf die Biegeeigenspannungen wesentlich ist. Bei dem Ziehverhältnis $\beta = 1{,}6$ nimmt hier mit abnehmendem Stempelradius die Höhe der maximalen Biegeeigenspannungen zu. Dagegen sind die Eigenspannungsverläufe beim Tiefziehen mit überlagertem Abstrecken, d.h. bei Ziehspalten $u_Z/s_0 < 1{,}0$ vom Stempelradius wenig abhängig und eigenspannungsarm.

Ziehversuche bei dem Ziehverhältnis $\beta = 2{,}0$ und $u_Z/s_0 = 1{,}0$

Die Biegeeigenspannungsuntersuchungen an den Werkstücken, die bei dem Ziehverhältnis $\beta = 2{,}0$ und $u_Z/s_0 = 1{,}0$ hergestellt wurden, ergaben bei den untersuchten Stempelradien (Bild 22 und 23) prinzipiell ähnliche Kurvenverläufe wie bei dem Ziehverhältnis $\beta = 1{,}6$ (vgl. Bild 16 und 17). Jedoch ist abweichend festzustellen, daß im Bereich kleiner Zargenhöhen die maximalen tangentialen und axialen Biegeeigenspannungswerte mit steigendem Stempelradius zunehmen. In Richtung zu größeren Zargenhöhen nehmen alle Kurven gleichfalls wie bei dem kleineren Ziehverhältnis $\beta = 1{,}6$ kontinuierlich aufgrund des zunehmendem Abstreckvorganges durch die Aufdickung des Bleches im Flansch ab.

In den Korrosionsuntersuchungen treten bei diesen Werkstücken die ersten Spannungsrisse und nachfolgend die stärkste Schädigung in den Gebieten mit den höchsten Biegeeigenspannungen auf (Bild 24). Wie bei den Werkstücken mit dem Ziehverhältnis $\beta = 1{,}6$ beeinflußt der Stempelradius die Standzeit praktisch nicht. Jedoch unterscheidet sich im Vergleich zu dem kleineren Ziehverhältnis das Spannungsrißkorrosionsverhalten bezüglich der Anrißzeit und der Rißfortschrittsgeschwindigkeit. In umgekehrter Weise liegt mit abnehmendem Stempelradius eine Abnahme der Anrißzeit und der Rißfortschrittsgeschwindigkeit (kleinere Steigung der Geraden) vor.

Die Spannungsrißkorrosion erschien bei allen Stempelradien vorrangig durch Risse in axialer Richtung, die durch tangentiale Eigenspannungen hervorgerufen

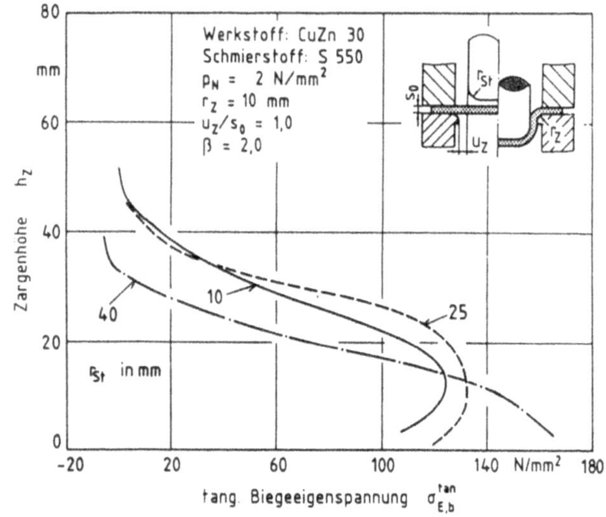

Bild 22: Tangentiale Biegeeigenspannungen von CuZn 30 bei verschiedenen Stempelradien (β = 2,0; u_Z/s_0 = 1,0).

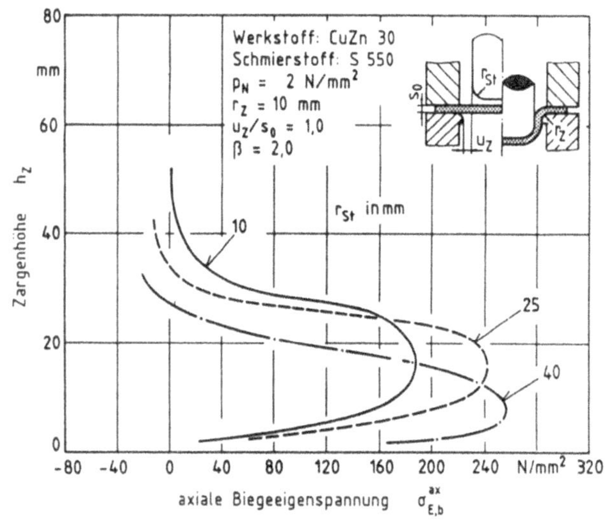

Bild 23: Axiale Biegeeigenspannungen von CuZn 30 bei verschiedenen Stempelradien (β = 2,0; u_Z/s_0 = 1,0).

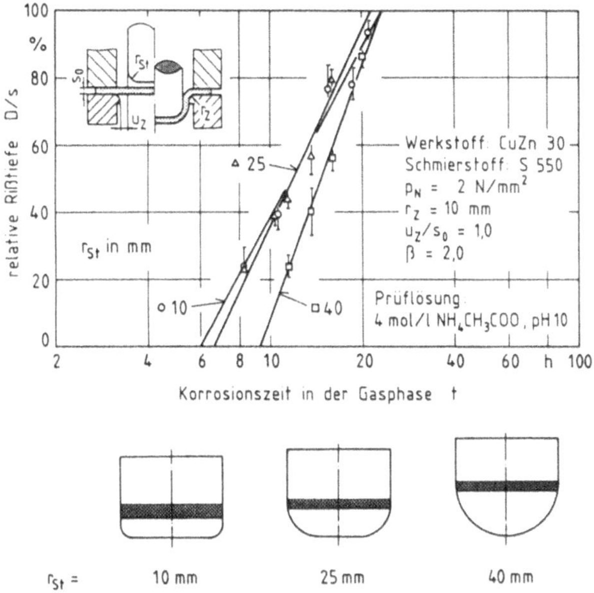

Bild 24: Spannungsrißkorrosion von CuZn 30 bei verschiedenen Stempelradien (β = 2,0; u_Z/s_0 = 1,0); im unteren Teilbild sind die Orte der stärksten korrosiven Schädigung durch Schraffur hervorgehoben.

wurden. Aus den Ergebnissen der Biegeeigenspannungsmessungen, bei denen die axialen Eigenspannungen dominierten und somit eine Rißausbreitung in Umfangsrichtung vorherrschen sollte, entsteht hier eine Unstimmigkeit. Als Ursache ist anzunehmen, daß die tangentialen und axialen Biegeeigenspannungsmessungen in den absoluten Werten unterschiedlich sind.

Der Vergleich der Rißfortschrittsgeschwindigkeiten mit den maximalen tangentialen Biegeeigenspannungen läßt wiederum die Abhängigkeit erkennen, daß eine steigende Biegeeigenspannung zu einer Erhöhung der Korrosionsgeschwindigkeit führt. Bei der Anrißzeit steht gleichfalls wie bei dem Ziehverhältnis β = 1,6 die höchste Anrißzeit der höchsten Biegeeigenspannung gegenüber. Ausgehend von der Überlegung, daß mit zunehmender Spannung die Spannungsrißkorrosionsanfälligkeit steigt, entsteht ein widersprüchlicher Zusammenhang. Hierfür bietet auch der Vergleich der Verfestigungen in den geschädigten Werkstückbereichen der verschiedenen Napfgeometrien keine Begründung an. Die schraffierten Kurvenbereiche in Bild 25 lassen keine großen Unterschiede in den Härtewerten erkennen. Bei r_{St} = 10 mm sollten die höheren Werte tendenziell zu einer niedrigeren Anrißzeit führen.

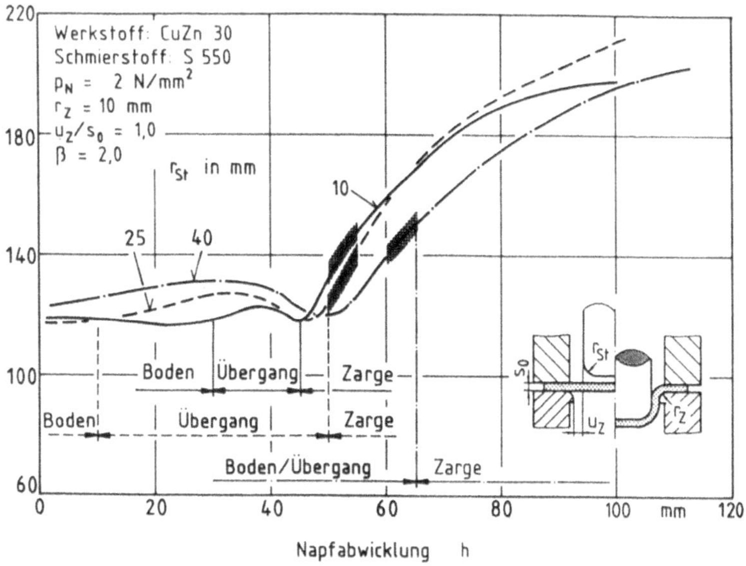

Bild 25: Härteverteilungen von CuZn 30 bei verschiedenen Stempelradien (β = 2,0; u_Z/s_0 = 1,0); die Gebiete der primären Korrosionsschädigung sind schraffiert.

Bei diesen Werkstücken mit β = 2,0 wurden die Bereiche mit den höchsten Biegeeigenspannungen einer röntgenographischen Eigenspannungsmessung unterzogen. (Bild 26). Zunächst ist eine Korrelation der Oberflächeneigenspannungen mit den Biegeeigenspannungen nicht festzustellen (vgl. Bild 22 und 23). Die röntgenografischen Werte fallen deutlich niedriger aus, und zum Teil liegen sogar Druckeigenspannungen vor. Bei dem Stempelradius r_{St} = 10 mm ist ein Druckeigenspannungszustand in der Oberfläche vorhanden, wodurch unmittelbar die Voraussetzung zur Spannungsrißkorrosion nicht gegeben ist. Eine Aussage über einen Einfluß auf die Anrißzeit zeichnet sich aufgrund der Oberflächeneigenspannungen nicht verständlich ab. Im Fall der längsten Anrißzeit bei dem Stempelradius r_{St} = 40 mm sind in der Oberfläche die höchsten Zugeigenspannungen vorhanden, die jedoch nicht zu einem frühzeitigen Einsetzen der Spannungsrißkorrosion führen.

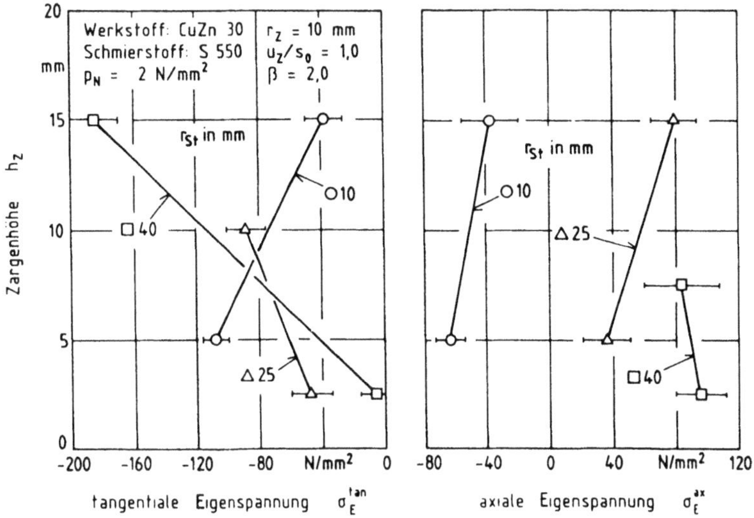

Bild 26: Röntgenographische Eigenspannungen in der Oberfläche von CuZn 30 bei verschiedenen Stempelradien (β = 2,0; u_Z/s_0 = 1,0).

Während der Inkubationszeit müssen die entstehenden Anrisse zunächst eine bestimmte Materialdicke überwinden, bevor die Rißspitzen mit Zugeigenspannungen behaftete Werkstoffbereiche erreichen und, bedingt durch eine Mindestrißtiefe, die zur Spannungsrißkorrosion notwendigen elektrochemischen Reaktionen auftreten. Die röntgenographischen Eigenspannungswerte erlauben jedoch keine Aussagen über die Materialdicke, in der z.B. bei dem Stempelradius r_{St} = 10 mm Druckeigenspannungen vorliegen.

In der Anrißphase wurden bei r_{St} = 10 mm netzartige Rißstrukturen und im Fortgang der Spannungsrißkorrosion die vorrangige Ausbreitung von axialen Rissen beobachtet. Andererseits trat bei r_{St} = 40 mm die Rißentstehung in Umfangsrichtung ein, während der Fortgang der Spannungsrißkorrosion ebenfalls durch axiale Risse stattfand. Hieraus ist abzuleiten, daß der Oberflächeneigenspannungszustand unmittelbar auf den Rißverlauf während der Rißentstehung Einfluß nimmt, sich aber im weiteren Fortgang der Spannungsrißkorrosion die Rißausbreitung nach den höchsten Zugeigenspannungen im Werkstoffinneren richtet. Die Rißstrukturen, die sich während der Anrißzeit ausbilden, spiegeln sich in den Oberflächeneigenspannungen wieder (Bild 26). Den netzartigen Rissen bei r_{St} = 10 mm liegen ungefähr gleich hohe tangentiale und axiale Oberflächeneigenspannungen zugrunde, während bei r_{St} = 40 mm Anrisse in Umfangsrichtung durch axiale Zugeigenspannungen in der Oberfläche auftreten.

Die Auswirkung von Spannungen auf einen erhöhten allgemeinen Korrosionsangriff während der Anrißzeit wurde bereits erwähnt /13/, wobei eine genaue Kenntnis hinsichtlich der Abhängigkeit vom Spannungszustand nicht vorliegt. Im Fall der Werkstücke mit β = 2,0 erscheint aufgrund des Zusammenwirkens verschiedener Einflußfaktoren eine einfache Erklärung der Abhängigkeit der Anrißzeit nicht möglich.

Die Abhängigkeit der Rißfortschrittsgeschwindigkeit von der maximalen Biegeeigenspannung wurde in Bild 27 qualitativ dargestellt. Es wurden die Ergebnisse der Korrosionsversuche mit den Werkstücken aus CuZn 30 bei den Ziehverhältnissen β= 1,6 und 2,0 verwendet. Entsprechend der dominierenden Rißausbreitungsrichtung (Axial- oder Umfangsrisse) wurde der axiale oder tangentiale Biegeeigenspannungswert verwendet. Die Rißgeschwindigkeit nimmt mit steigender Biegeeigenspannung zu, wobei der Stempelradius nur hinsichtlich der Ausbildung der Eigenspannungen maßgeblich ist. Aus den unterschiedlichen Steigungen der beiden Kurvenverläufe wird ersichtlich, daß die Rißgeschwindigkeit nicht allein von der maximalen Biegeeigenspannung abhängig ist, sondern weitere Einflußgrößen von Bedeutung sind.

Ziehversuche bei dem Ziehverhältnis β = 2,0 und u_Z/s_0 = 0,8

Die Ausbildung der Biegeeigenspannungen bei Werkstücken, die bei den Tiefziehparametern β = 2,0 und u_Z/s_0 =0,8 hergestellt wurden (Bild 28 und 29), führt zu gleichartigen Ergebnissen wie bei dem Ziehverhältnis β = 1,6. Die tangentialen Biegeeigenspannungen weisen über der Zargenhöhe eigenspannungsarme Kurvenverläufe auf, die der Stempelradius praktisch nicht beeinflußt. Bei diesen Werkstücken kann von einem günstigen Spannungsrißkorrosionsverhalten, das vom Stempelradius unabhängig ist, ausgegangen werden.

Durch Überlagerung eines Abstreckvorganges werden die axialen Biegeeigenspannungsverläufe (Bild 29) gegenüber dem relativen Ziehspalt u_Z/s_0 = 1,0 stark erniedrigt. Die Verläufe zeigen noch erkennbare Zugeigenspannungshöchstwerte, die die gleiche Abhängigkeit vom Stempelradius wie bei u_Z/s_0 = 1,0 aufweisen.

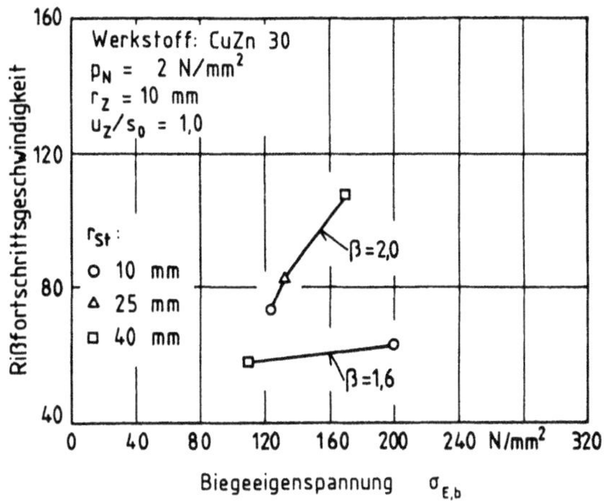

Bild 27: Rißfortschrittsgeschwindigkeit in Abhängigkeit der maximalen Biegeeigenspannung.

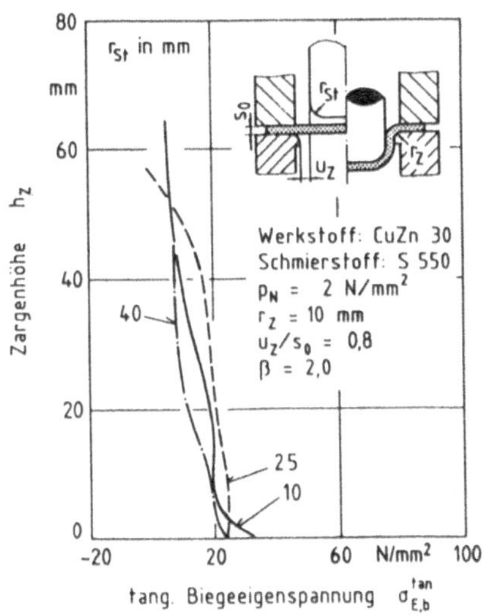

Bild 28: Tangentiale Biegeeigenspannungen von CuZn 30 bei verschiedenen Stempelradien (β = 2,0; u_Z/s_0 = 0,8).

Das Spannungsrißkorrosionsverhalten dieser Werkstücke sollte daher von den axialen Eigenspannungen bestimmt werden.

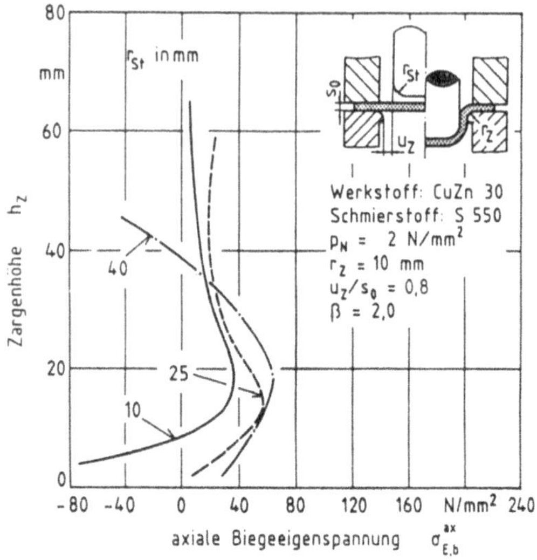

Bild 29: Axiale Biegeeigenspannungen von CuZn 30 bei verschiedenen Stempelradien (β = 2,0; u_Z/s_0 = 0,8).

Die Ergebnisse der Biegeeigenspannungsmessungen bei den verschiedenen Stempelradien und u_Z/s_0 = 1,0 wurden in Bild 30 zusammenfassend für die beiden Ziehverhältnisse β = 1,6 und 2,0 dargestellt. Die Maximalwerte der tangentialen und axialen Biegeeigenspannungen nehmen bei β = 1,6 mit steigendem Stempelradius ab und umgekehrt bei β = 2,0 zu.

Die Abhängigkeit der maximalen Biegeeigenspannungen von r_{St} wirkt sich in den Korrosionsversuchen auf die Rißfortschrittsgeschwindigkeit aus (Bild 31). Die Zunahme der Rißgeschwindigkeit mit steigender Biegeeigenspannung stimmt mit /4/ überein. In den Spannungsrißkorrosionsversuchen hängt die Lebensdauer vom Stempelradius praktisch nicht ab, ist aber bei den beiden Ziehverhältnissen unterschiedlich. Die Anrißzeit weist qualitativ dieselbe Abhängigkeit vom Stempelradius wie die maximalen Biegeeigenspannungen auf. Die höchsten Anrißzeiten treten bei den höchsten Biegeeigenspannungen auf, wodurch ein widersprüchlicher Zusammenhang besteht.

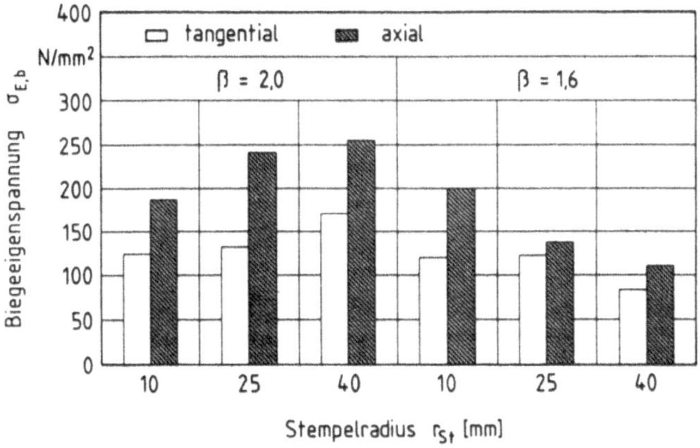

Bild 30: Vergleich der maximalen Biegeeigenspannungen von tiefgezogenen Werkstücken aus CuZn 30 (u_Z/s_0 = 1,0).

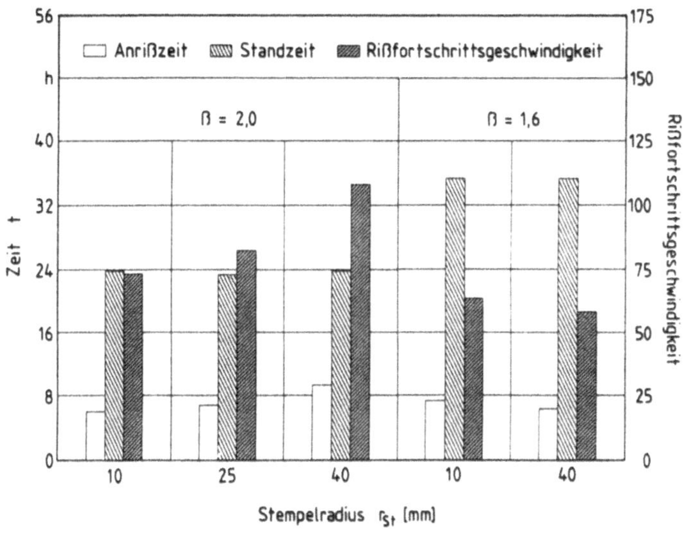

Bild 31: Vergleich der Ergebnisse der Korrosionsversuche von tiefgezogenen Werkstücken aus CuZn 30 (u_Z/s_0 = 1,0).

5.2 Einfluß des Schmierstoffes und des Niederhalterdruckes

Für die Tiefziehversuche wurde bei den beiden Ziehverhältnissen β = 1,6 und 2,0 die unterschiedlichen Schmierstoffe S 100 und S 550 verwendet und ihr Einfluß auf die Biegeeigenspannungen untersucht. Am Beispiel von Werkstücken, die bei r_{St} = 10 mm und β = 2,0 hergestellt wurden, zeigen die tangentialen Biegeeigenspannungsverläufe (Bild 32), daß der qualitativ schlechtere Schmierstoff S 100 zu einer Erhöhung des Maximalwertes führt. Hierdurch sind Auswirkungen auf das Spannungsrißkorrosionverhalten zu erwarten. Die stärkere Reibung im Flanschbereich aufgrund der ärmeren Schmierstoffqualität erhöht in der Anfangsphase des Ziehvorganges den Streckziehanteil in der sich ausbildenden Napfwand, wodurch geänderte Verhältnisse beim Rückbiegen am Ende des Ziehringes zu höheren Eigenspannungen führen.

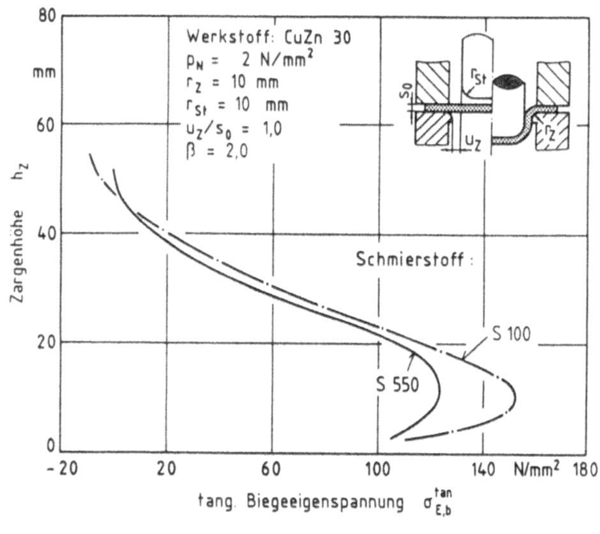

Bild 32: Einfluß des Schmierstoffes auf die tangentialen Biegeeigenspannungen bei CuZn 30 (r_{St} = 10 mm; β = 2,0).

Im Fall der axialen Biegeeigenspannungen (Bild 33) bewirkt der Schmierstoff S 100 gleichfalls höhere maximale Zugeigenspannungen bei kleinen Zargenhöhen. Weiterhin liegt mit S 100 der Eigenspannungsverlauf im Bereich des Napfrandes höher, wofür als Ursache ebenfalls die stärkere Reibung im Flanschbereich während des Ziehvorganges anzuführen ist. Als Folge sind höhere radiale Zugspan-

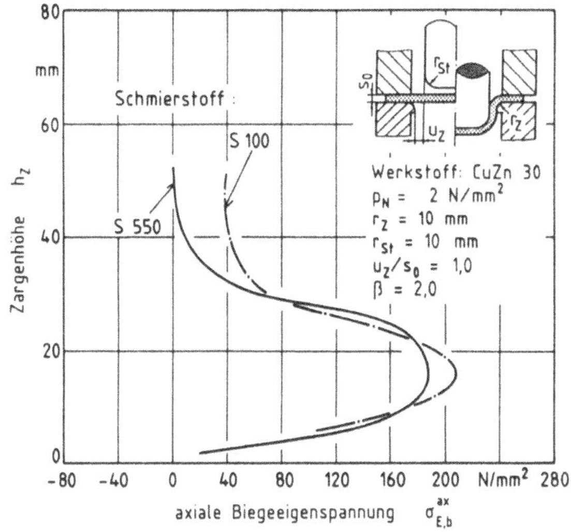

Bild 33: Einfluß des Schmierstoffes auf die axialen Biegeeigenspannungen bei CuZn 30 (r_{St} = 10 mm; $\beta = 2{,}0$).

nungen im Flansch vorhanden, der dadurch weniger aufdickt. Bei der vorliegenden Ziehspaltgeometrie u_Z/s_0 = 1,0 überlagert sich folglich ein geringerer Abstreckvorgang im Ziehspalt, wodurch der Abbau der axialen Eigenspannungen kleiner ausfällt.

Weitere Ziehversuche bei dem Ziehverhältnis β = 1,6 und dem Stempelradius r_{St} = 40 mm zeigen in den Bildern 34 und 35 den Einfluß des Schmierstoffes auf die Biegeeigenspannungen bei zwei unterschiedlichen Niederhalterdrücken. Im Fall der tangentialen Biegeeigenspannungen wird bei dem hohen Niederhalterdruck derselbe Einfluß des Schmierstoffes beobachtet wie bei dem Ziehverhältnis β = 2,0. Dagegen führen bei dem kleineren Niederhalterdruck beide Schmierstoffe zu ähnlichen Kurvenverläufen.

Mit steigendem Niederhalterdruck verschieben sich bei beiden Schmierstoffen die tangentialen Eigenspannungsverläufe in Richtung höherer Zugeigenspannungen. Dabei wirkt sich der Niederhalterdruck bei dem Schmierstoff S 550, der durch einen hohen Additivgehalt mit Tiefziehölen vergleichbar ist, weniger stark auf die Verschiebung des Eigenspannungsverlaufes aus.

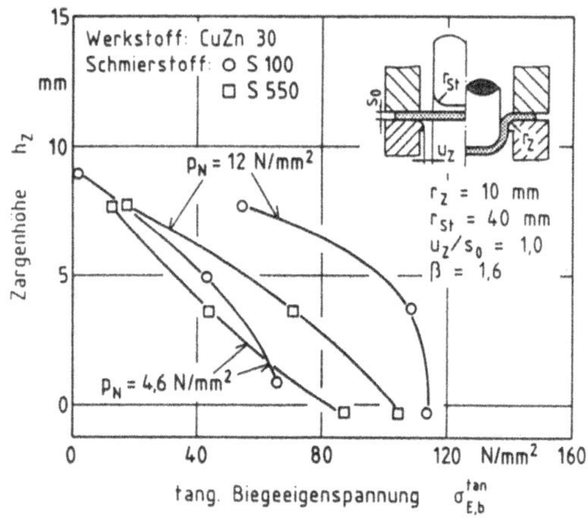

Bild 34: Einfluß des Schmierstoffes und des Niederhalterdruckes auf die tangentialen Biegeeigenspannungen bei CuZn 30 (r_{St} = 40 mm; β = 1,6).

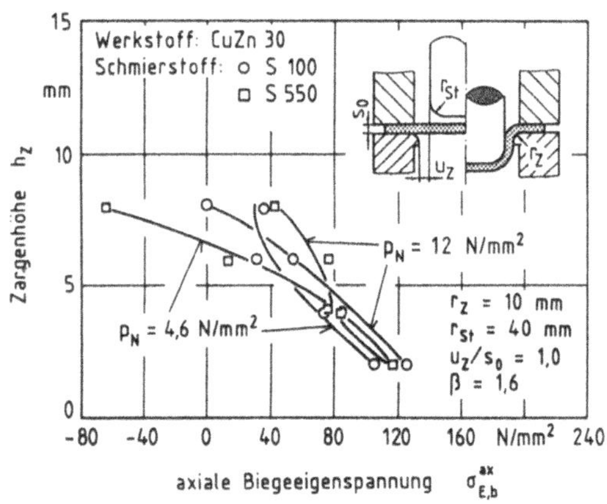

Bild 35: Einfluß des Schmierstoffes und des Niederhalterdruckes auf die axialen Biegeeigenspannungen bei CuZn 30 (r_{St} = 40 mm; β = 1,6).

Die axialen Biegeeigenspannungen sind im Bereich kleiner Zargenhöhen bei den verwendeten Niederhalterdrücken und Schmierstoffen ähnlich (Bild 35). In der Nähe des Napfrandes treten die vergleichsweise niedrigsten Eigenspannungen bei dem kleinen Niederhalterdruck und dem qualitativ besseren Schmierstoff S 550 auf. Die Eigenspannungserniedrigung mit steigender Zargenhöhe resultiert aus der Überlagerung eines stärkeren Abstreckgleitziehvorganges, indem die Reibungsbedingungen im Flansch eine stärkere Aufdickung des Bleches begünstigen. Ein kleiner Niederhalterdruck und ein Schmierstoff mit guten tribologischen Eigenschaften erniedrigen die Reibungskraft und dadurch die radiale Zugspannung im Flansch, wodurch der Blechaufdickung im Flansch weniger entgegengewirkt wird.

5.3 Einfluß des Ziehverhältnisses

Die Abhängigkeit der Eigenspannungen und des Korrosionsverhaltens vom Ziehverhältnis wurde an Werkstücken, die bei dem relativen Ziehspalt $u_Z/s_0 = 0{,}6$ hergestellt wurden, untersucht. Die tangentialen und axialen Biegeeigenspannungen (Bild 36) sind bei den Ziehverhältnissen $\beta = 1{,}6$ und 1,8 über der ganzen Zargenhöhe schwach und unterscheiden sich trotz der Verwendung verschiedener Schmierstoffe nur wenig.

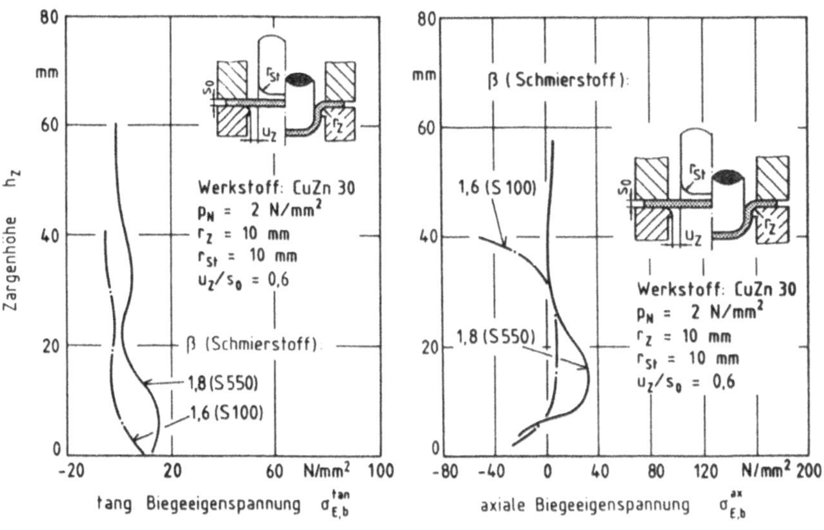

Bild 36: Tangentiale und axiale Biegeeigenspannungen tiefgezogener Werkstücke in Abhängigkeit vom Ziehverhältnis.

Aufgrund der gemessenen Biegeeigenspannungsverteilungen ist für beide Werkstückgeometrien ein günstiges Korrosionsverhalten anzunehmen. Die Korrosionsergebnisse bestätigen dies jedoch nur für das Ziehverhältnis β = 1,6 (Bild 37). Im Vergleich zu den Werkstücken, hergestellt bei dem relativen Ziehspalt u_Z/s_0 = 1,0 (vgl. Bild 18 und 24) liegt für die Werkstücke mit β = 1,6 eine höhere Lebensdauer und damit ein deutlich verbessertes Spannungsrißkorrosionsverhalten vor. Die Lebensdauer der Werkstücke mit β = 1,8 wird dagegen durch die Überlagerung eines Abstreckvorganges mit ca. 40% Wanddickenabnahme verkürzt. Die Korrosionsschädigung fand bei beiden Werkstückgeometrien im Bodenrundungsbereich unterhalb der Zargenhöhe h_Z = 0 mm statt. Bei β = 1,8 traten axiale Risse verursacht durch tangentiale Eigenspannungen und bei β = 1,6 tangentiale Risse verursacht durch axiale Eigenspannungen auf.

Das Vorliegen von Zugeigenspannungen bei $h_Z \approx$ 0 mm ist aus den Biegeeigenspannungsverläufen nicht zu entnehmen. Nach der Herstellung der Werkstücke sind aufgrund von Rückfederungen Zugeigenspannungen am Übergang von der Bodenrundung in die Zarge vorhanden. Nach dem Abstreifen des umgeformten Werkstückes vom Stempel strebt die Napfwand eine Verminderung des Durchmessers an, wobei der Napfboden entgegenwirkt. Bei β = 1,8 konnte nach dem Abstechen von Ringen nahe dem Napfboden eine Verringerung der Ringdurchmesser aufgrund tangentialer Zugeigenspannungen, die über der ganzen Wanddicke vorliegen, beobachtet werden. Die zugspannungsartige Belastung, hervorgerufen durch den Napfboden, nimmt in der Zarge mit steigendem Abstand vom Boden sehr schnell ab (die axialen Spannungsrisse wachsen nur eine kurze Strecke in die Zarge hinein). Die Zerlegemethode kann eine zugspannungsartige Belastung über der Bauteildicke nicht erfassen, da beim Freisetzen der Eigenspannungen keine Krümmungsänderung wie bei einem Biegespannungszustand eintritt.

In Bild 38 sind in Querschliffen die Rißmorphologien der beiden Werkstückgeometrien dargestellt. Das linke Teilbild zeigt für β = 1,6 in einem Anschliff senkrecht zur Tangentialrichtung die Rißbildung in Wanddickenrichtung an der Kante des Übergangs von der Bodenrundung in die Zarge. Die Risse wurden durch das Elektropolieren stark ausgewaschen. Im rechten Teilbild ist für β = 1,8 in einem Anschliff parallel zum Napfboden nach einer Korrosionsdauer von ca. 30 h die primäre Rißentstehung an der Napfaußenseite (im Bild von rechts) zu sehen. Diese Risse durchwachsen die Wanddicke nicht völlig, sondern es bilden sich verzögert Anrisse von der Innenseite her, so daß die Zerstörung des Werkstückes mit dem Zusammenwachsen der Risse von außen und innen eintritt. Die von beiden

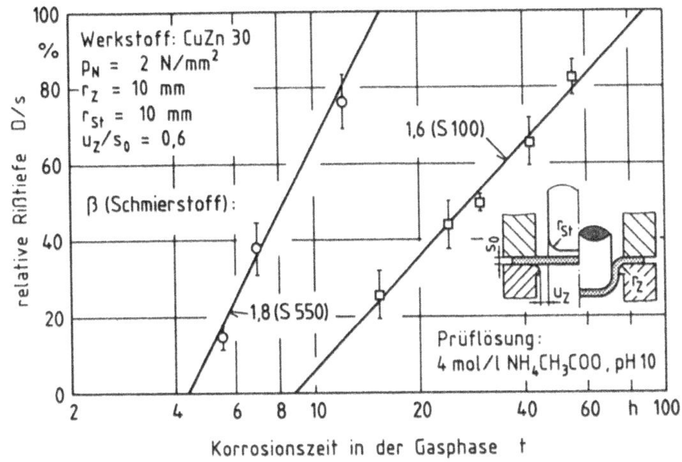

Bild 37: Spannungsrißkorrosion von CuZn 30 bei verschiedenen Ziehverhältnissen.

Napfwandoberflächen ausgehende Rißentstehung bestätigt, daß in diesem Bereich der Zarge über der ganzen Wanddicke tangentiale Zugeigenspannungen vorliegen.

Die Verwendung eines relativen Ziehspaltes von u_Z/s_0 = 0,6 führt bei β = 1,6 im Vergleich zu u_Z/s_0 = 1,0 (Bild 18) zu einer deutlichen Verbesserung des Korrosionsverhaltens in Form einer Erhöhung der Lebensdauer. Bei dem Ziehverhältnis β = 1,8 tritt hingegen eine Verminderung der Lebensdauer ein. Aus dem Vergleich der Rißgeschwindigkeit bei den beiden Ziehverhältnissen ist zu schließen, daß bei β = 1,8 deutlich höhere Zugeigenspannungen am Übergang vorliegen. Bei dem vorliegenden Ziehspalt u_Z/s_0 = 0,6 nimmt somit die Lebensdauer mit steigendem Ziehverhältnis ab. Demgegenüber wurde in /4/ bei dem relativen Ziehspalt u_Z/s_0 = 1,2 und dem Ziehringradius r_Z = 6,3 mm im gleichen Korrosionstest eine Erhöhung der Lebensdauer bei Werkstücken aus CuZn 30 mit steigendem Ziehverhältnis festgestellt.

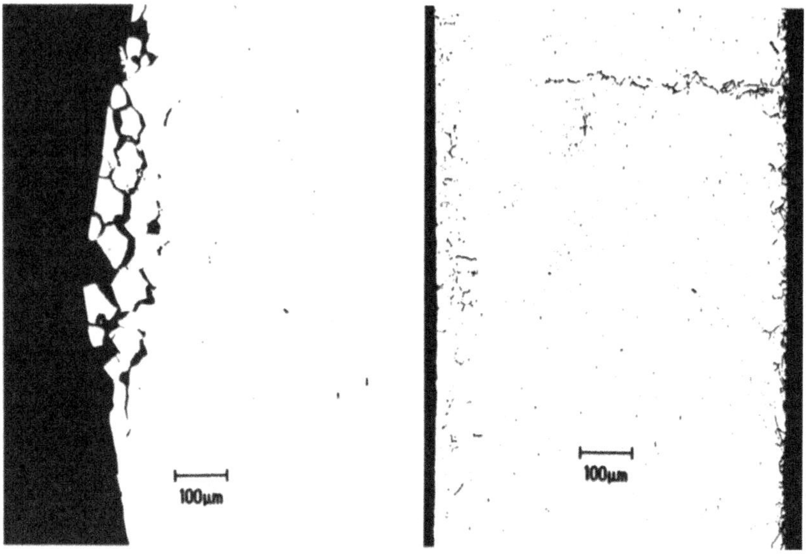

Bild 38: Korrosionsrisse am Übergang Bodenrundung/Zarge, u_Z/s_0 = 0,6 (geschliffen und elektropoliert). Links: tangentiale Risse, β = 1,6; rechts: axiale Risse, β = 1,8.

5.4 Einfluß der chemischen Zusammensetzung

Der Einfluß der chemischen Zusammensetzung des Werkstückwerkstoffes wurde beim Tiefziehen mit verschiedenen Stempelradien, dem Ziehverhältnis β = 2,0 und dem relativen Ziehspalt u_Z/s_0 = 1,0 untersucht. Im Vergleich zu CuZn 30 zeigt der Werkstoff CuZn 37 bei den tangentialen Biegeeigenspannungen qualitativ ähnliche Kurvenverläufe, wobei die Höchstwerte deutlich höher liegen und dieselbe Abhängigkeit vom Stempelradius aufweisen (Bild 39). Bei den axialen Biegeeigenspannungen gilt mit Ausnahme des Falles r_{St} = 40 mm, für den nahezu identische Kurvenverläufe für beide Werkstoffe vorliegen, dieselbe Aussage (Bild 40).

Die Spannungsrißkorrosion erscheint bei den Werkstücken aus CuZn 37 wie bei CuZn 30 in den Zargenbereichen mit den höchsten Biegeeigenspannungen. Auch bestimmt der Stempelradius das korrosive Verhalten von CuZn 37 in gleicher

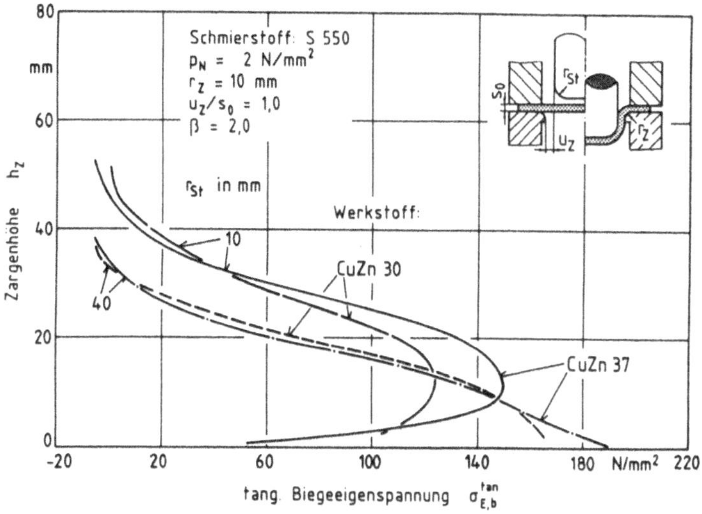

Bild 39: Tangentiale Biegeeigenspannungen von CuZn 37 im Vergleich zu CuZn 30 bei verschiedenen Stempelradien (β = 2,0; u_Z/s_0 = 1,0).

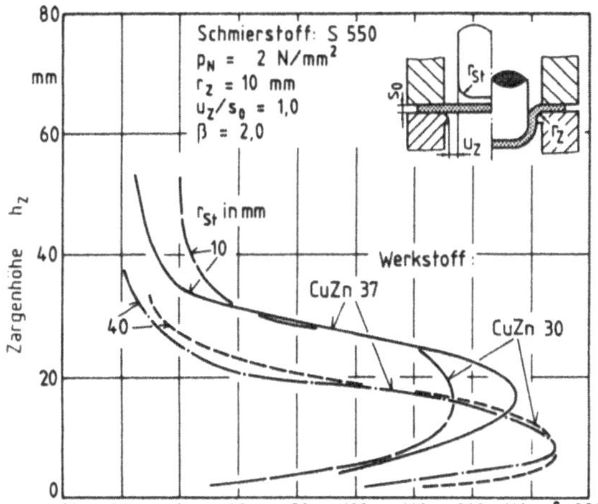

Bild 40: Axiale Biegeeigenspannungen von CuZn 37 im Vergleich zu CuZn 30 bei verschiedenen Stempelradien (β = 2,0; u_Z/s_0 = 1,0).

Weise wie bei CuZn 30 (Bild 41). Dies bedeutet, daß die Standzeit vom Stempelradius praktisch nicht abhängt, die Rißfortschrittsgeschwindigkeit mit der maximalen Biegeeigenspannung korreliert und die kürzere Anrißzeit bei dem kleineren Stempelradius auftritt. Das spannungsrißempfindlichere Verhalten des Werkstoffes CuZn 37 schlägt sich in den Korrosionsversuchen lediglich in kürzeren Anrißzeiten nieder. Die Rißfortschrittsgeschwindigkeiten sind jedoch trotz der höheren maximalen Biegeeigenspannungen kleiner, so daß insgesamt bei den Werkstükken aus CuZn 37 etwas höhere Standzeiten als bei CuZn 30 resultieren.

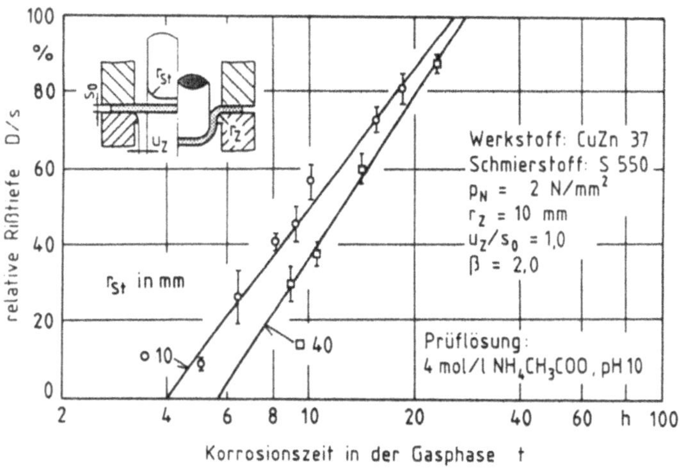

Bild 41: Spannungsrißkorrosion von CuZn 37 bei verschiedenen Stempelradien (β = 2,0; u_Z/s_0 = 1,0).

6 Eigenspannungen und Spannungsrißkorrosion beim niederhalterlosen Tiefziehen mit anschließendem Abstreckgleitziehen (Zerlegemethode)

6.1 Einflußparameter beim Abstreckgleitziehen

Die Änderung des Eigenspannungszustandes von tiefgezogenen Werkstücken durch eine nachfolgende Umformung wurde an niederhalterlos tiefgezogenen und anschließend abstreckgleitgezogenen Werkstücken untersucht. Das Tiefziehen erfolgte bei dem Ziehverhältnis β = 1,7 und dem relativen Ziehspalt u_Z/s_0 = 1,0. Bei diesen Umformparametern ist ein ähnlicher Eigenspannungszustand der Werkstücke wie beim Tiefziehen mit Niederhalter anzunehmen. Jedoch sind kleinere maximale Zugeigenspannungen zu erwarten, da aufgrund des unbehinderten und dadurch stärkeren Aufdickens des Flansches während des Ziehvorgangs vergleichsweise stärker abgestreckt wird als beim Tiefziehen mit Niederhalter. Im folgenden wird der Einfluß des Abstreckwinkels und Abstreckgrades dargestellt.

6.1.1 Abstreckwinkel

Die Eigenspannungszustände niederhalterlos tief- und abstreckgleitgezogener Werkstücke unterscheiden sich deutlich von denen konventionell tiefgezogener Werkstücke. Im oberen Zargenbereich sind bei dem Umformgrad φ_A = 0,41 geringe tangentiale und axiale Biegeeigenspannungen vorhanden, die vom Abstreckwinkel α nur wenig beeinflußt werden (Bild 42 und 43). Dagegen ist bei kleinen Zargenhöhen ein Einfluß des Abstreckwinkels erkennbar. Nahe dem Übergang von der Bodenrundung in die Zarge treten deutliche tangentiale Zugbiegeeigenspannungen auf, die mit steigendem Abstreckwinkel zunehmen. Im Fall der axialen Biegeeigenspannungen liegen in der Nähe des Bodens hohe Druckeigenspannungen vor, deren Höhe ebenfalls mit steigendem α ansteigt. Somit führen kleine Abstreckwinkel zu Eigenspannungszuständen, in denen niedrige Zug- und Druckeigenspannungen vorherrschen.

Die Spannungsrißkorrosionsversuche an Werkstücken, die mit den Abstreckwinkeln α = 5° und 15° (Bild 44) hergestellt wurden, verursachten am Übergang von der Bodenrundung in die Zarge axiale Risse, beispielhaft in Bild 45 gezeigt. Die Risse äußern sich dabei in einem deutlichen Salzbelag entlang der Rißlinie und erstrecken sich nur wenige Millimeter in die Zarge hinein. Als Ursache sind Zugeigenspannungen aus dem tangentialen Biegeeigenspannungsverlauf bei $h_Z \approx 0$ mm anzunehmen (Bild 42). Das korrosive Verhalten der abstreckgleitgezogenen Werkstücke zeigt im Vergleich zu den mit Niederhalter tiefgezogenen

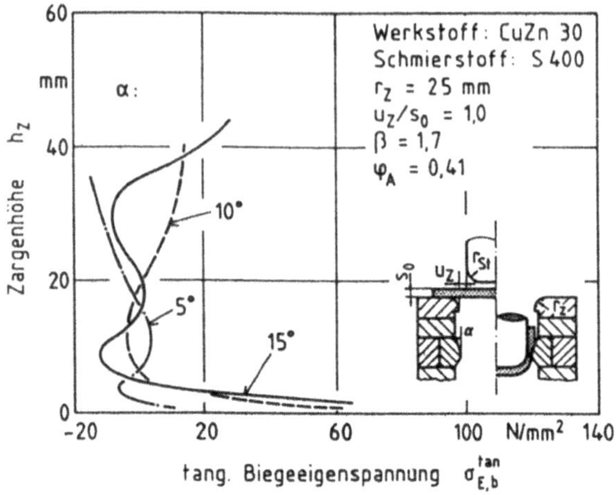

Bild 42: Tangentiale Biegeeigenspannungen bei verschiedenen Abstreckwinkeln α.

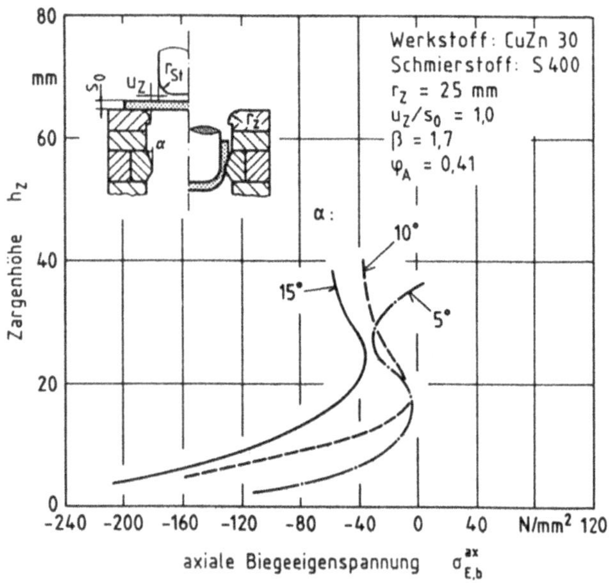

Bild 43: Axiale Biegeeigenspannungen bei verschiedenen Abstreckwinkeln α.

Werkstücken (vgl. Bild 31), daß deren Anrißzeiten zwar im gleichen Bereich liegen, jedoch aufgrund eines langsameren Rißwachstums die Lebensdauer deutlich höher im Bereich von über 1000 Stunden liegt. Bei dem Abstreckwinkel $\alpha = 5°$ wird im Vergleich zu $\alpha = 15°$ eine um etwa 2 Stunden höhere Anrißzeit und eine um ca. 200 Stunden höhere Standzeit ermittelt. Die hieraus abzuleitende geringere Rißfortschrittsgeschwindigkeit ist daher in Übereinstimmung mit den niedrigeren Zugbiegeeigenspannungen bei $h_Z \approx 0$ mm. Mit abnehmendem Abstreckwinkel liegt somit ein günstigeres Spannungsrißkorrosionsverhalten vor.

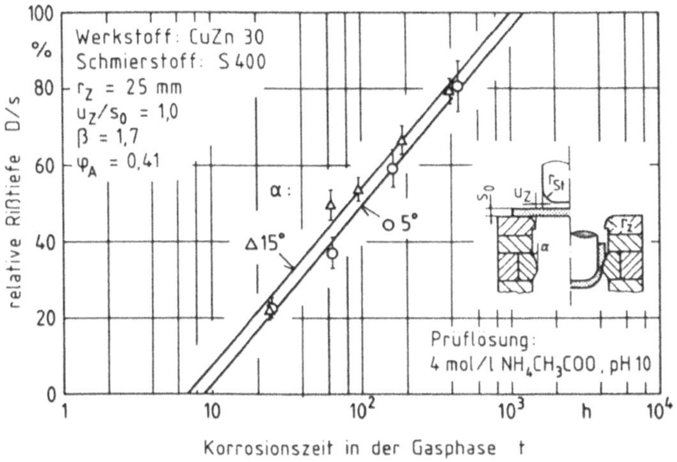

Bild 44: Spannungsrißkorrosion bei verschiedenen Abstreckwinkeln α.

6.1.2 Abstreckgrad

Der Einfluß des Abstreckgrades auf die Biegeeigenspannungen und das Spannungsrißkorrosionsverhalten wurde für den Abstreckwinkel $\alpha = 5°$, der sich im vorhergehenden Kapitel als günstig herausgestellt hat, untersucht. In Bild 46 und 47 wurden die tangentialen und axialen Biegeeigenspannungen bei verschiedenen Abstreckgraden miteinander verglichen. Zur Herstellung der Werkstücke bei dem Umformgrad $\varphi_A = 0{,}70$ mußte als Schmierstoff eine Seife verwendet werden (10 min beizen und beseifen der Platinen). Die tangentialen Biegeeigenspannungen zeigen, daß der ganze Zargenbereich einen eigenspannungsarmen Zustand aufweist und geringfügige Zugbiegeeigenspannungen nur bei $h_Z \approx 0$ mm erkennbar sind. Am Übergang von der Bodenrundung in die Zarge deutet sich die Abhän-

5 mm

Bild 45: Axiale Spannungsrisse am Übergang von der Bodenrundung in die Zarge nach einer Korrosionsdauer von 407 h (φ_A = 0,41; α = 15°).

gigkeit an, daß mit steigendem Abstreckgrad die Biegeeigenspannungen etwas zunehmen.

Die axialen Biegeeigenspannungsverläufe (Bild 47) lassen beträchtliche Eigenspannungen nahe der Bodenrundung erkennen. Mit steigendem Abstreckgrad verschieben sich die Kurvenbereiche von Zugeigenspannungen wie bei φ_A = 0,23 zu Druckeigenspannungen hin. Die Zugeigenspannungen bei φ_A = 0,23 rühren offensichtlich noch vom Tiefziehen her und sind während dem Abstrecken nur teilweise abgebaut. Daher liegt die Vermutung nahe, daß bei einem Abstreckgrad zwischen φ_A = 0,23 und 0,41 über der ganzen Zargenhöhe ein eigenspannungsarmer Zustand erhältlich sein sollte. Bei allen Abstreckgraden ist der Zargenbereich zum Napfrand hin nur mit geringen axialen Biegeeigenspannungen behaftet.

Die Ergebnisse der Korrosionsversuche, in denen die beiden kleinsten Abstreckgrade untersucht wurden, sind in Bild 48 gegenübergestellt. Bei dem Abstreckgrad φ_A = 0,23 traten ebenfalls am Übergang Bodenrundung/Zarge axiale Risse, hervorgerufen durch tangentiale Zugeigenspannungen, auf, obwohl bei $h_Z \approx$ 5 mm deutlich höhere Zugbiegeeigenspannungen in Form eines Kurvenmaximums vorhanden sind. Die tangentiale Biegeeigenspannungsmessung für φ_A = 0,23 ergab praktisch keine relevanten Zugeigenspannungen, so daß am Übergang Bodenrundung/Zarge von einer zugspannungsartigen Überlagerung, die der Napfboden verursacht, auszugehen ist. Bei der Biegeeigenspannungs-

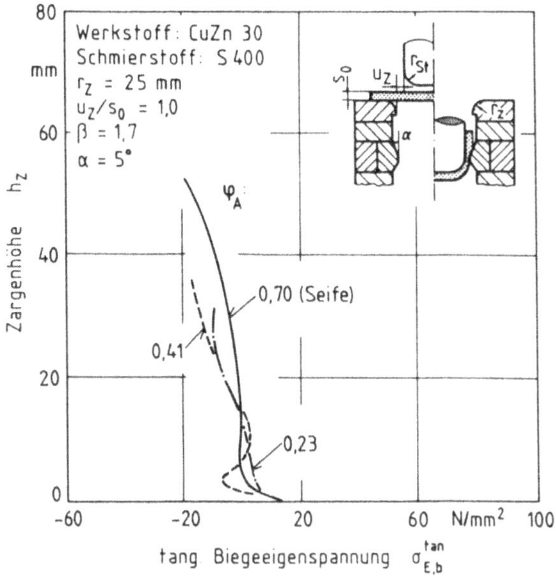

Bild 46: Tangentiale Biegeeigenspannungen bei verschiedenen Abstreckgraden φ_A.

messung würden sich diese Zugeigenspannungen beim Abstechen der Ringe nahe dem Boden sofort abbauen und nicht in Form einer Krümmungsänderung erkennbar werden.

Das Korrosionsverhalten ist bei dem kleinsten Abstreckgrad φ_A = 0,23 am günstigsten. Aufgrund des langsameren Rißwachstums liegt die Lebensdauer bei ca. 5.000 Stunden. Die um ein Fünftel größere Dicke der Napfwand gegenüber den bei φ_A = 0,41 hergestellten Werkstücken kann nicht allein Ursache für eine ca. vierfach höhere Lebensdauer sein. Das günstigere Spannungsrißkorrosionsverhalten bei kleineren Abstreckgraden ist mit kleineren Zugeigenspannungen verbunden.

Bei den Korrosionsversuchen wurden im Fall von φ_A = 0,23 einige Werkstücke einer Prüfdauer von 800 Stunden unterzogen. Dabei wurde an einem Werkstück beobachtet, daß mit einer leichten mechanischen Einwirkung einige Körner aus dem Gefüge in Form eines Kraters herausgebrochen werden konnten (Bild 49). Als Ursache ist der Korrosionsangriff des Ammoniaks besonders an den Korngrenzen zu nennen, wodurch der Gefügezusammenhalt gelockert wird. Dieser Vorgang wird als Kornzerfall /6/ bezeichnet. Für die Dauer von Spannungsrißkor-

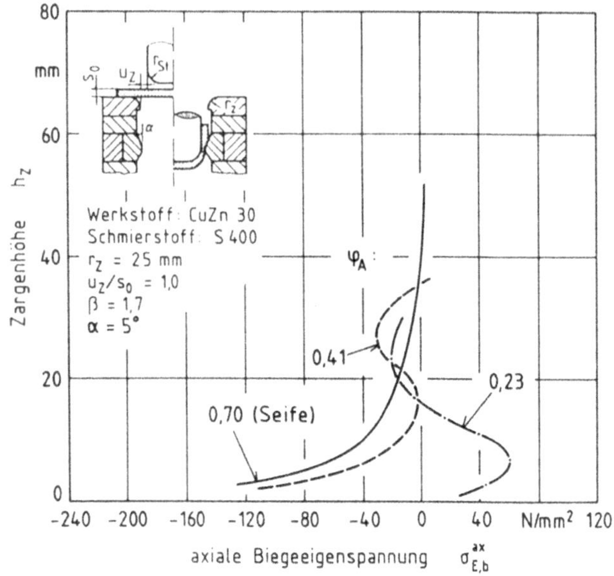

Bild 47: Axiale Biegeeigenspannungen bei verschiedenen Abstreckgraden φ_A.

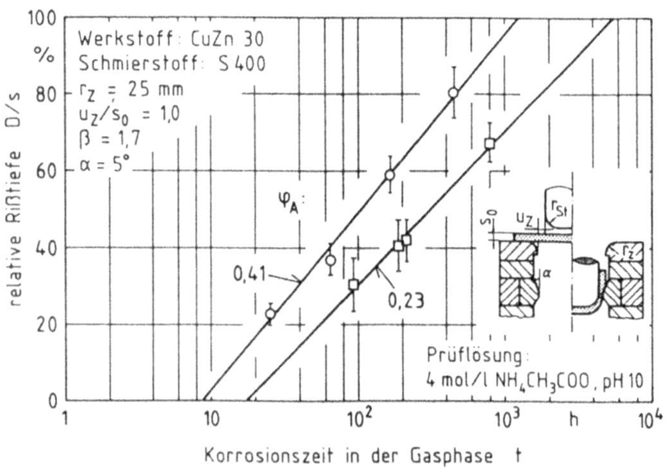

Bild 48: Spannungsrißkorrosion bei verschiedenen Abstreckgraden φ_A.

rosionsversuchen sind demnach unter den eingehaltenen Versuchsbedingungen darüber hinausgehende Versuchzeiten nicht sinnvoll.

1 mm

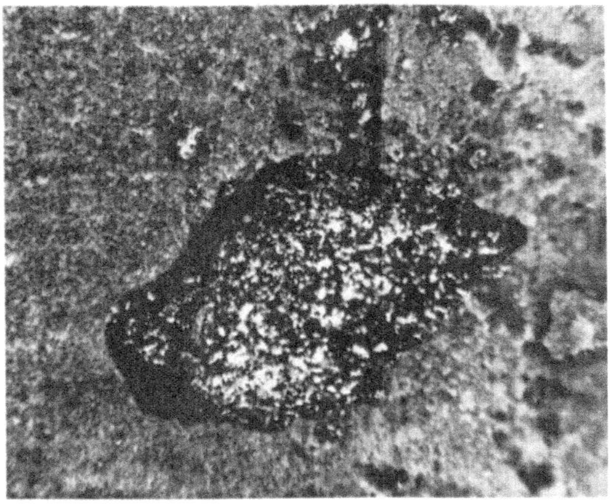

Bild 49: Kornzerfall an der Oberfläche einer spannungsrißgeprüften Probe nach 800 h; umliegend sind einzelne Körner sichtbar.

Mit steigendem Abstreckgrad bildet sich am Übergang Bodenrundung/Zarge zunehmend ein ausgeprägter Absatz, dessen Durchmesser 0,2 bis 0,3 mm größer als der der Napfwand ist. In Bild 50 sind die axialen Querschnitte von Werkstücken verglichen, die bei verschiedenen Abstreckgraden hergestellt wurden. Besonders deutlich ist bei $\varphi_A = 0{,}70$ die Krümmung der Napfwand an der Außenseite oberhalb der Kante zu sehen (linkes Teilbild), wodurch die Napfwandgeometrie von der zylindrischen Form abweicht. Diese Gegebenheit steht im Zusammenhang mit den tangentialen Zugeigenspannungen, die der Napfboden verursacht. Während dem Abstrecken wird der Boden elastisch komprimiert und vergrößert den Durchmesser nach dem Verlassen des Ziehringes. Dagegen verringert die Napfwand den Durchmesser nach dem Abstreifen vom Stempel. Dieses Verhalten wird beim Tiefziehen mit Niederhalter bei relativen Ziehspalten $u_Z/s_0 < 1{,}0$ ebenfalls beobachtet, wodurch Spannungskorrosionsrisse im gleichen Bereich der Werkstücke auftreten (vgl. Kap. 5.3).

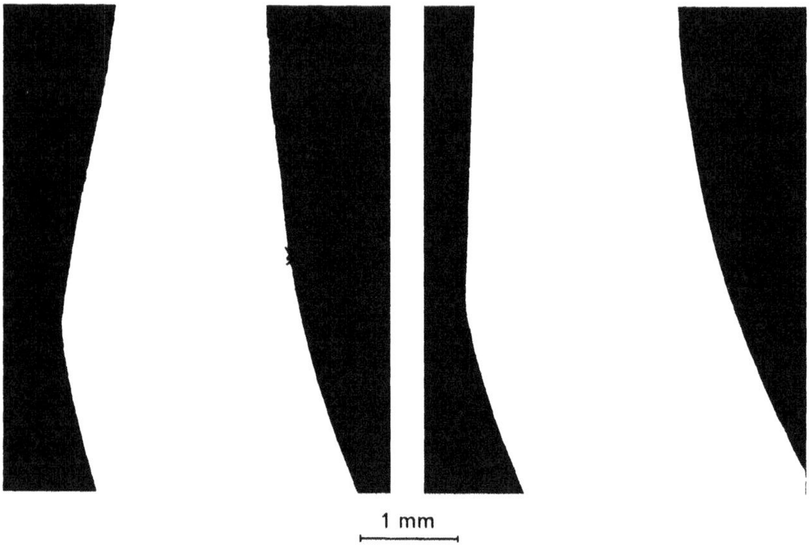

Bild 50: Axiale Querschliffe am Übergang Bodenrundung/Zarge niederhalterlos tiefgezogener und abstreckgleitgezogener Werkstücke ($\alpha = 5°$). Links: $\varphi_A = 0{,}70$ (Seife); rechts: $\varphi_A = 0{,}41$ (S 400).

6.2 Weitere Einflüsse auf die Spannungsrißkorrosion

In Bild 51 sind die röntgenographisch ermittelten tangentialen und axialen Oberflächeneigenspannungen der spannungsrißgeprüften Werkstücke am Ort $h_Z = 0$ mm dargestellt. Es liegen Druckeigenspannungszustände vor, die erhebliche axiale Werte aufweisen. Bei den Werkstücken mit $\varphi_A = 0{,}41$ stimmen bei $h_Z = 0$ mm die axialen Biegeeigenspannungen (Bild 43) in etwa mit den axialen Oberflächeneigenspannungen überein.

Es ist zu erwarten, daß die vorliegenden Druckeigenspannungen in der Oberfläche bei $h_Z = 0$ mm das Auftreten von Spannungsrißkorrosion behindern. In der Anrißphase müssen die entstehenden feinen Spalten und Risse eine Druckeigenspannungsschicht überwinden, bis die Rißspitzen Gebiete mit Zugeigenspannungen erreichen. Zum Einfluß des Oberflächeneigenspannungszustandes auf die Anrißzeit wurde mit Hilfe der mittleren Normalspannung σ_m /65/ eine Annäherung versucht:

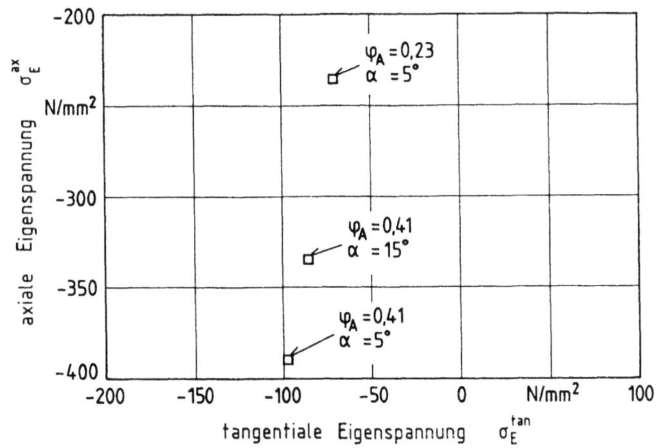

Bild 51: Röntgenographische Oberflächeneigenspannungen niederhalterlos tief- und abstreckgleitgezogener Werkstücke (h_Z = 0 mm).

$$\sigma_m = \frac{1}{3}\,(\sigma_{tan} + \sigma_{ax} + \sigma_r). \qquad (19)$$

In der Oberfläche gilt für die Spannung senkrecht zur Oberfläche $\sigma_r = 0$. Aus dem Vergleich von Bild 51 mit Bild 48 ist zu erkennen, daß eine kürzere Anrißzeit mit einem betragsmäßig höheren σ_m - Wert übereinkommt. Ein stärkerer Druckspannungszustand würde demnach die Intensität des korrosiven Angriffes während der Anrißzeit erhöhen. Weiterhin ist von einem Einfluß der Dicke der Oberflächenschicht, die die feinen Spalte und Risse durchwachsen müssen, auf die Anrißzeit auszugehen. Eine klare Aussage über die Schichtdicke kann aber aus den vorliegenden Ergebnissen nicht abgeleitet werden.

Die Anrißzeit nimmt mit steigender Verfestigung nach /4/ ab, wodurch der Oberflächenkorrosionsangriff stärker wird. In Bild 52 geben die Härteverteilungen über der Napfabwicklung der spannungsrißgeprüften Werkstücke Auskunft über die Verfestigung. Die Spannungsrisse treten bei allen Werkstücken in einem Bereich mit stark ansteigenden Härtewerten auf. Bei dem Abstreckgrad φ_A = 0,23 zeigt der schraffierte Bereich die niedrigste Verfestigung an, so daß zusammen mit den kleinsten vorliegenden Oberflächendruckeigenspannungen die längste Anrißzeit resultiert.

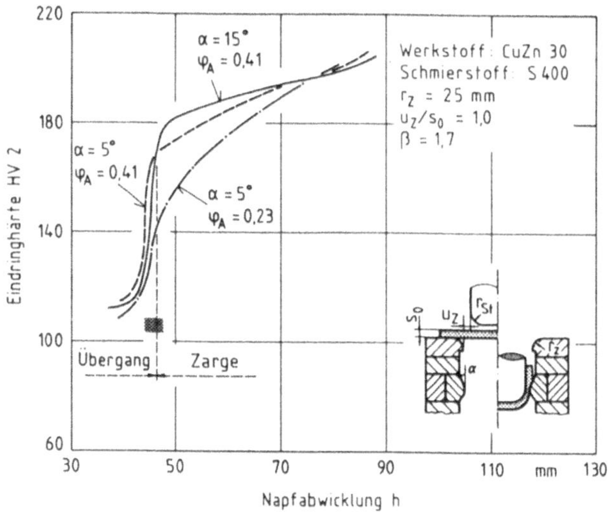

Bild 52: Härteverteilungen (Vickers) von tief- und abstreckgleitgezogenen Werkstücken (Bereich der Korrosionsschädigung ist schraffiert).

7 Eigenspannungsbestimmung mit der Neutronenbeugung

7.1 Experimentelles Vorgehen

Die Eigenspannungsmessungen mit Neutronenstrahlung wurden am Hochflußreaktor des Institutes Max v. Laue Paul Langevin (ILL), Grenoble, mit dem hochauflösenden Pulverdiffraktometer D1A /94/ durchgeführt. Diese Meßeinrichtung ermöglicht eine Auflösung von elastischen Gitterdehnungen im Bereich von $\Delta D/D_0 \approx 10^{-3}$ bis 10^{-4}. Die Versuchsanordnung ist in Bild 53 dargestellt. Im Neutronenleiter befindet sich ein Germanium - Einkristall, der einen monochromatischen Neutronenstrahl aus dem Wellenlängenspektrum der vom Reaktor kommenden Neutronenstrahlung entnimmt. Der Abnahmewinkel ist auf 122° festgelegt. Die Wellenlänge des entnommenen Neutronenstrahls richtet sich nach den zur Reflexion eingerichteten Gitterebenen des Germanium - Einkristalls. Hierdurch sind nur einige Wellenlängen, die sich in der Strahlungsintensität unterscheiden, erhältlich. Im weiteren durchläuft der gebeugte Neutronenstrahl einen Monitorzähler, der ein Maß für den Neutronenfluß liefert und bei jedem Meßlauf die Einhaltung einer gleichbleibenden Strahlungsmenge ermöglicht. Hinter dem Monitorzähler ist eine Cadmium - Blende für den einfallenden Strahl befestigt. Der einfallende Neutronenstrahl trifft schließlich auf die Probe, die sich im Mittelpunkt des Ω - Drehtisches befindet. Der Neutronenstrahl wird an der Probe gebeugt und nach Durchlaufen einer weiteren Cadmium - Blende mit einem Zählrohr der beweglichen Zählrohrbank erfaßt.

Die Werkstücke wurden zunächst auf dem Probentisch entsprechend der Richtung der zu messenden Eigenspannung befestigt. Dabei ist die Spannungsrichtung innerhalb der Ebene, die vom einfallenden und reflektierten Strahl aufgespannt wird, orientiert (Bild 13). Der Probentisch war mit rechnergesteuerten Translationseinrichtungen in den drei Raumrichtungen mit einer Genauigkeit kleiner 5 μm bewegbar. Dieser Aufbau war auf dem Ω - Drehtisch des Diffraktometers installiert und erlaubte die Positionierung des Werkstückes im Neutronenstrahl.

Als Meßvolumen ist hier der geometrische Ort definiert, in dem die Eigenspannungsmessung vollzogen und auf den der ausgewählte Ort des Werkstückes einjustiert wird. Das Meßvolumen wird durch die Form der Blenden im Strahlengang und dem Winkel zwischen dem einfallenden und gebeugten Neutronenstrahl festgelegt. Während der Einjustierung der gesamten Meßanordnung wird die Lage des Meßvolumens in Übereinstimmung mit der Drehachse des Ω - Drehtisches gebracht. Zur Positionierung des Werkstückes muß nun der Meßort genau im Be-

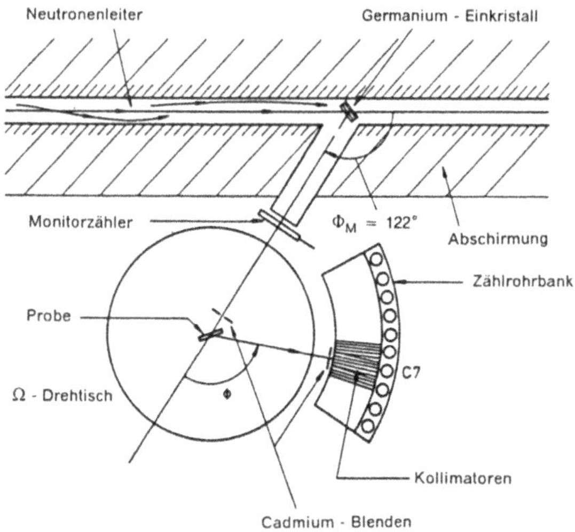

Bild 53: Schema des Pulverdiffraktometers D1A /84/.

reich des Meßvolumens zu liegen kommen. Hierfür wurde der Meßort zunächst mit optischen Meßeinrichtungen auf den Ort des Meßvolumens auf ca. 0,5 mm genau eingerichtet. Dabei müssen die Winkeleinstellungen des Ω - Drehtisches für die gewünschten ψ - Einstellungen bei der späteren Spannungsmessung festgestellt werden. Für die anschließende Feinjustierung in Wanddickenrichtung wurde die Probe in kleinen Schritten bei der Einstellung $\psi = 0$ durch das Meßvolumen gefahren und in jeder Position die Intensität des gebeugten Strahles aufgenommen. Diese ist, abgesehen von Textur- und Absorptionseinflüssen, proportional zum Anteil des vom Werkstück ausgefüllten Meßvolumens. Aus einer Auftragung der Intensitätsmaxima der Beugungslinien über der jeweiligen Position können die Koordinaten der Werkstückoberflächen bestimmt werden (Bild 54). Die Justierung in Wanddickenrichtung war mit einer Genauigkeit von $\pm$ 0,1 mm möglich.

Als Neutronenstrahlung wurde die Wellenlänge λ = 0,1911 nm, die die höchste Intensität hatte, ausgewählt. Die Spannungsmessung erfolgte an den $\{311\}$ - Gitterebenen. Eine theoretische Berechnung des Pulver - Diffraktogramms mit einem Rechenprogramm des ILL (Bild 55) liefert eine Aussage über die relativen Streuintensitäten der reflektierenden Gitterebenen. Bei der $\{311\}$ - Gitterebene liegt der höchste Wert vor, so daß diese Wahl eine optimale Voraussetzung für kurze Meßzeiten ergibt. Die $\{311\}$ - Beugungsreflexe, die unter einem Beugungswinkel von

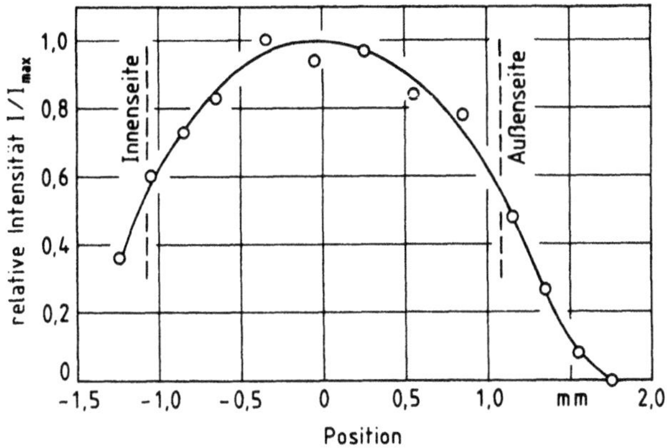

Bild 54: Beispiel einer Auswertung für die Bestimmung der Werkstücklage in Wanddickenrichtung im Neutronenstrahl.

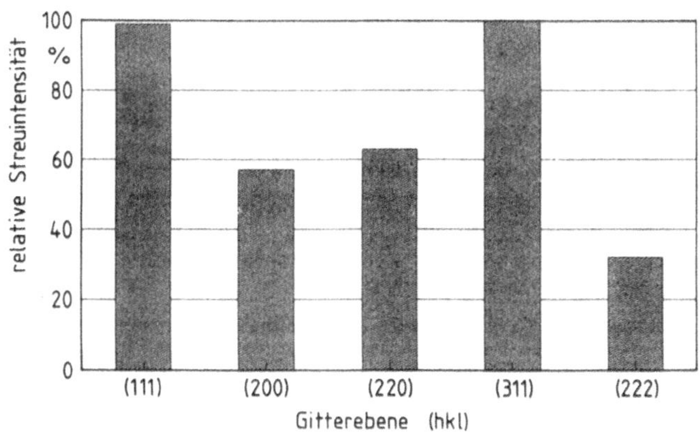

Bild 55: Theoretische Berechnung der relativen Streuintensitäten der Reflexe von CuZn 30.

$2\vartheta \approx 118°$ auftraten, wurden mit einem Detektor in 0,1° Schritten aufgenommen und die Peak - Lage mit einem Rechnerprogramm durch Anpassung einer Gauß - Verteilung bestimmt. Für die Spannungsberechnung wurde ebenfalls der nach der Annahme von Kröner berechnete REK - Wert für die $\{311\}$ - Gitterebene verwendet. Dieser ist mit dem der {420} - Gitterebenen aufgrund praktisch gleicher Γ - Werte (Gl. 16) der beiden Gitterebenen identisch (Tab. 5).

Während sich das Meßvolumen bei der Röntgenbeugung bei gegebenen Strahlquerschnitt in der Probentiefe durch die Absorption automatisch ergibt, wird es bei der Neutronenbeugung durch den Beugungswinkel und die Blendengröße im einfallenden und reflektierten Strahl festgelegt. Die Form und Größe des Meßvolumens sollte der Auflösung des örtlichen Spannungszustandes und der Geometrie des gegebenen Werkstückes angepaßt sein. Bezüglich der Auflösung sollte das Meßvolumen eine möglichst kleine und kompakte Form aufweisen, jedoch in Hinblick auf praktikable Meßzeiten ausreichend groß sein. Der Strahlquerschnitt wurde im Fall der tangentialen Eigenspannungsmessungen mit Blenden der Größe 0,5 x 5 mm^2 im einfallenden und reflektierten Strahl festgelegt. Bei einem Beugungswinkel von $2\vartheta \approx 118°$ wird damit ein wie in Bild 56 skizziertes Meßvolumen erhalten, dessen Längsrichtung während der Messung senkrecht zur Spannungsrichtung und damit in Axialrichtung des Werkstückes orientiert war.

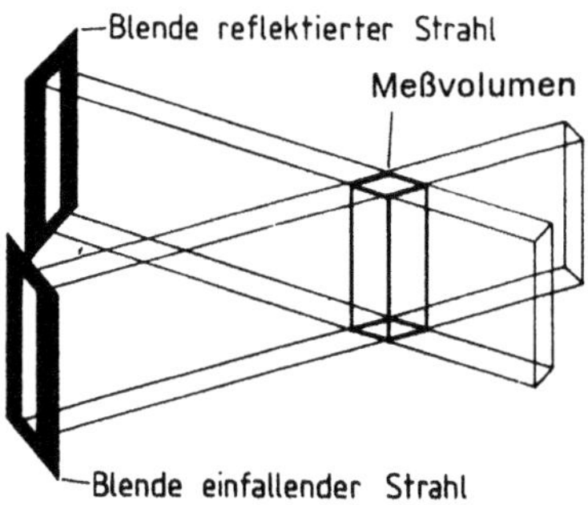

Bild 56: Entstehung des Meßvolumens.

Die Bestimmung eines axialen Eigenspannungswertes wurde exemplarisch an einem Werkstück durchgeführt. Da in diesem Fall die Längsrichtung des Meßvolumens in tangentialer Richtung des Napfes zu orientieren war, wurde eine verkleinerte Blendengröße von 0,5 x 2,5 mm^2 verwendet, um eine höhere örtliche Auflösung aufgrund der gekrümmten Form der Zargenwand zu erreichen. Die Halbierung des Meßvolumens macht naturgemäß eine Verdoppelung der Meßzeit notwendig.

Grundsätzlich sollten bei der Wahl der experimentellen Randbedingungen folgende Zusammenhänge berücksichtigt werden:

- In Hinblick auf lineare D,$\sin^2\psi$ - Verläufe sollte für die Spannungsmessung eine hochindizierte Gitterebene, bei der eine hohe Multiplizität (Anzahl der Häufigkeit der Gitterebene im Kristallgitter) den Einfluß der Textur mindert, verwendet werden (unter Berücksichtigung der Auslöschungsregeln);

- Mit der Auswahl einer Wellenlänge, bei der ein Beugungswinkel $2\vartheta \approx 90°$ auftritt, wird ein rhombisches Meßvolumen erhalten, das eine kompakte Form aufweist und damit eine optimale örtliche Auflösung ermöglicht;

- In bezug auf eine möglichst hohe Intensität des gebeugten Strahles und dadurch bedingte kurze Meßzeiten sollten die Neutronenstrahlung eine hohe Intensität und die verwendete Gitterebene eine hohe Streuintensität haben.

Die bei den Experimenten ausgewählte Gitterebene und Wellenlänge konnten als guter Kompromiß vor allem bezüglich den Meßzeiten gesehen werden. Bei der Blendengröße von 0,5 x 5 mm^2 waren pro $\sin^2\psi$ - Einstellung Meßzeiten von ca. 70 min ausreichend.

7.2 Ergebnisse

7.2.1 Tiefgezogene Werkstücke mit Niederhalter

Für die Neutronenbeugungsexperimente wurden zur Messung der Eigenspannungen über der Wanddicke Werkstücke aus CuZn 30 ausgewählt, die bei den Ziehparametern $\beta = 2{,}0$, $u_Z/s_0 = 1{,}0$ und den Stempelradien $r_{St} = 10$ und 40 mm hergestellt wurden. Diese Werkstücke zeigten in den Spannungsrißkorrosionsversuchen axiale Spannungsrisse, die durch tangentiale Eigenspannungen hervorgerufen wurden. Als Meßorte wurden die Bereiche mit der höchsten Rißbildungstendenz, d.h. den höchsten Zugeigenspannungen ausgewählt. Diese waren für $r_{St} = 10$ mm $h_Z = 15$ mm und für $r_{St} = 40$ mm $h_Z = 2{,}5$ mm (vgl. Bild 23).

Die D,$\sin^2\psi$ - Verläufe der tangentialen Eigenspannungsmessungen bei dem Stempelradius $r_{St} = 10$ mm sind in Bild 57 bis 60 für vier verschiedene Positionen in der Napfwand dargestellt. Neben der Auftragung der Gitterebenenabstände D_{100} über $\sin^2\psi$ sind weiterhin die relativen Intensitäten I/I_{max} der Beugungs-

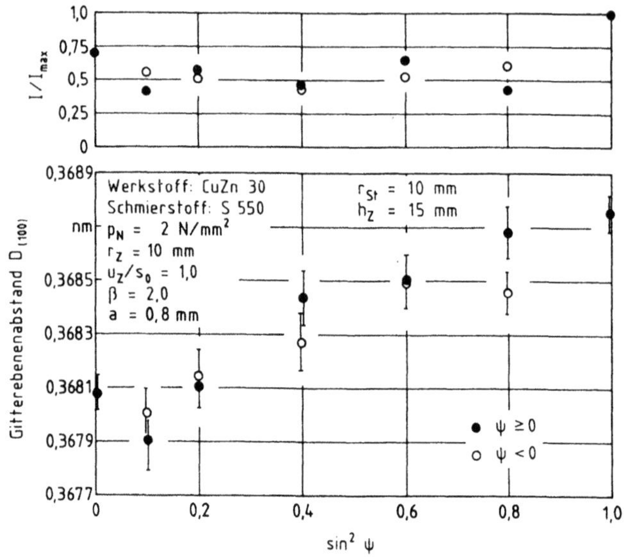

Bild 57: D,$\sin^2\psi$ - Verläufe der tangentialen Eigenspannungsmessungen mit den relativen Intensitäten I/I_{max} (r_{St} = 10 mm; a = 0,8 mm).

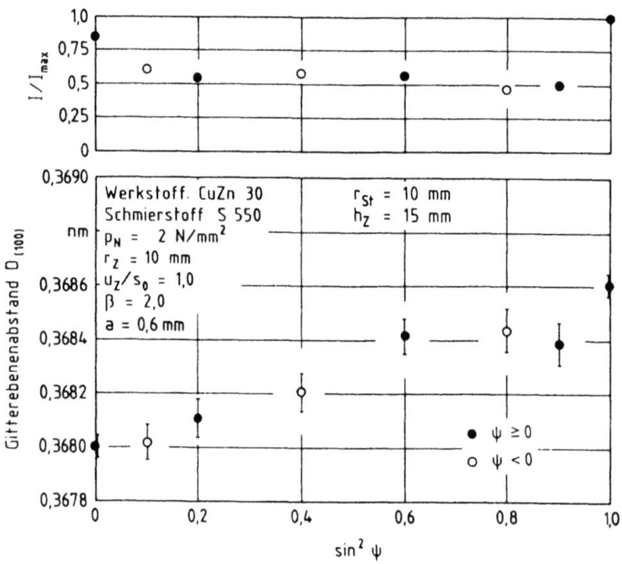

Bild 58: D,$\sin^2\psi$ - Verläufe der tangentialen Eigenspannungsmessungen mit den relativen Intensitäten I/I_{max} (r_{St} = 10 mm; a = 0,6 mm).

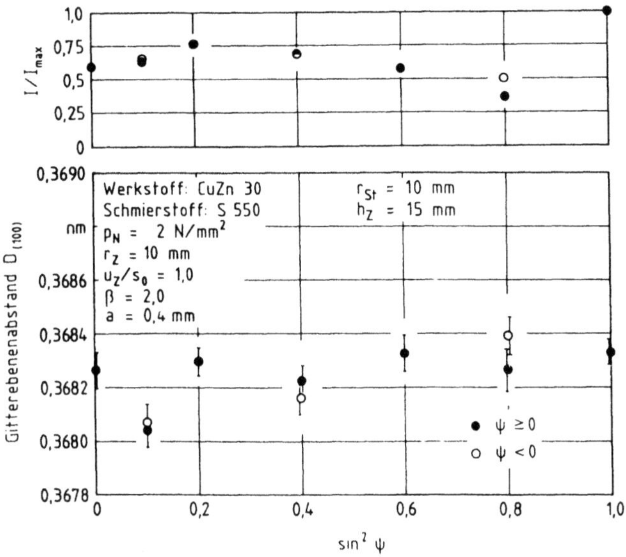

Bild 59: D,$\sin^2\psi$ - Verläufe der tangentialen Eigenspannungsmessungen mit den relativen Intensitäten I/I_{max} (r_{St} = 10 mm; a = 0,4 mm).

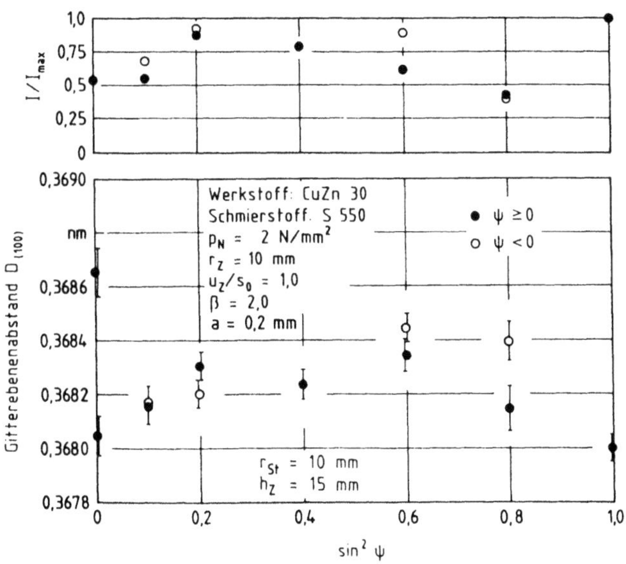

Bild 60: D,$\sin^2\psi$ - Verläufe der tangentialen Eigenspannungsmessungen mit den relativen Intensitäten I/I_{max} (r_{St} = 10 mm; a = 0,2 mm).

punkte (Intensität bezogen auf den höchsten Wert) enthalten. Der Meßort a ist der Abstand von der Wandinnenseite.

Die Ergebnisse Bild 57 und 58 bei den Meßorten a = 0,8 mm und 0,6 mm ergeben $D,\sin^2\psi$ - Verläufe, deren Linearität als gut zu beurteilen ist. Dabei ergeben die positiven Steigungen nach (Gl. 18) Zugeigenspannungen. Für den Meßort a = 0,4 mm deuten die Meßpunkte in Bild 59 einen nahezu waagerechten Kurvenverlauf an, aus dem die rechnerisch ermittelte Ausgleichsgerade einen geringen Zugeigenspannungswert ergibt. Der $D,\sin^2\psi$ - Verlauf der Position nahe der Wandinnenseite (a = 0,2 mm, Bild 60) zeigt schließlich einen stark nichtlinearen gekrümmten Verlauf, der trotzdem mit einer Ausgleichsgeradenrechnung ausgewertet wurde und daher einen großen Fehlerbereich zur Folge hat.

Als mögliche Ursache der Nichtlinearität bei a = 0,2 mm ist grundsätzlich der Einfluß einer Textur zu diskutieren. An stark texturierten Werkstoffen weisen Gitterdehnungsmessungen in Abhängigkeit des ψ - Winkels Bereiche mit intensitätsstarken und -schwachen Beugungsreflexen auf, wobei keine lineare $D,\sin^2\psi$ - Verteilung auftritt /95-97/. Die I/I_{max} - Werte der Beugungsreflexe in den intensitätsschwachen Bereichen sind dabei nahe Null. Im vorliegenden Ergebnis verlaufen aber die relativen Intensitäten I/I_{max} der Beugungspunkte über $\sin^2\psi$ relativ gleichmäßig und lassen keine Bereiche mit äußerst niedrigen Intensitäten erkennen. Daher ist das Vorliegen einer ausgeprägten Textur nicht anzunehmen.

Weiterhin wurde mit Hilfe einer Schraffurätzung /98/ versucht, eine qualitative Aussage über den Texturzustand des untersuchten Werkstückbereiches zu treffen. In Bild 61 ist eine solche Ätzung an einem Anschliff einer Probe aus der Napfwand gezeigt. Die Schliffoberfläche ist dabei parallel zum Napfboden orientiert. Die Schraffurätzung erfolgt nach einem Mechanismus, bei dem eine niedergeschlagene Deckschicht während der Trocknung aufgrund der Schrumpfung aufreißt. Entsprechend der parallel zur Schliffoberfläche orientierten Netzebene des unter der Deckschicht liegenden Kristalles treten bei (110) - Netzebenen Parallelschraffuren, bei (111) Netzschraffuren und bei (100) schraffurfreie Bereiche auf. Aus Bild 61 ist keine bevorzugt auftretende Schraffurart festzustellen. Anschliffe in anderen Schnittebenen der Zargenwand führten zu dem gleichen Ergebnis. Der Gefügezustand ist daher als texturarm zu charakterisieren.

Als Grund für den nichtlinearen $D,\sin^2\psi$ - Verlauf kann auch die geometrische Form des Meßvolumens in Betracht gezogen werden. Aufgrund des Beugungswinkels von $2\theta \approx 118°$ weicht der Querschnitt des Meßvolumens von einem Qua-

Bild 61: Schraffurätzung (Natriumthiosulfat) nach /98/ an einem tiefgezogenem Werkstück (r_{St} = 10 mm).

drat ab und hat die Form eines Parallelogramms (Bild 56). Während der Messung der Beugungslinie findet eine Mittelung über dem im Meßvolumen befindlichen Werkstoffbereich statt, wobei wie in Bild 62 dargestellt, das Meßvolumen in Abhängigkeit der ψ - Winkeleinstellung von Werkstückbereichen mit unterschiedlichen Eigenspannungszuständen ausgefüllt wird. In Abhängigkeit des ψ - Winkels treten hierdurch unterschiedliche Verschiebungen der Lage der Beugungslinie auf /83/.

In Bild 63 bis 66 sind die D,$\sin^2\psi$ - Verläufe der tangentialen Eigenspannungsmessungen in verschiedenen Wandtiefen für Werkstücke mit r_{St} = 40 mm Stempelradius bei h_Z = 2,5 mm dargestellt. In ähnlicher Weise wie für r_{St} = 10 mm werden bei a = 0,6 und 0,8 mm lineare D,$\sin^2\psi$ - Verläufe erhalten, aus denen Zugeigenspannungen berechnet werden. In Richtung Wandinnenseite nehmen die Steigungen der Ausgleichsgeraden ab. Der D,$\sin^2\psi$ - Verlauf bei a = 0,2 mm ist ebenfalls wie bei r_{St} = 10 mm nichtlinear. Ein Einfluß einer starken Textur ist entsprechend dem relativ gleichmäßigen Verlauf der relativen Intensitäten I/I_{max} über $\sin^2\psi$ ebenfalls nicht abzuleiten, so daß auch hier die gleiche Wirkung der Form des Meßvolumens anzunehmen ist.

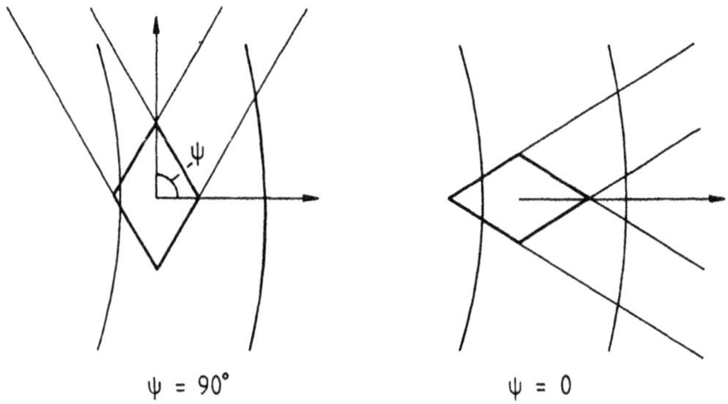

Bild 62: Orientierung des Meßvolumens in der Napfwand bei $\psi = 0°$ und 90°.

Ein Beispiel einer axialen Eigenspannungsmessung wurde an einem Werkstück mit dem Stempelradius r_{St} = 10 mm in h_Z = 15 mm durchgeführt (Bild 67). Als Meßort wurde die Position a = 0,8 mm in der Wand gewählt. Aufgrund der Probengeometrie wurde eine Blendengröße von 0,5 x 2,5 mm^2 verwendet, wodurch für jede ψ - Winkeleinstellung eine Meßzeit von 2,5 Stunden notwendig war. Die Linearität der D,$\sin^2\psi$ - Verteilung ist als gut zu beurteilen und rechtfertigt die Verwendung einer derart kleinen Blendengröße. Aus der positiven Steigung folgt mit der Regressionsrechnung ein Zugeigenspannungswert. Die Intensitätsverteilung I/I_{max} ist bezüglich der Gleichmäßigkeit mit den vorhergehenden D,$\sin^2\psi$ - Messungen ähnlich.

Die Ergebnisse der Eigenspannungsmessungen an tiefgezogenen Werkstücken durch Neutronenbeugung, sind in Bild 68 dargestellt. Darin ergänzen die röntgenographischen Meßwerte die Kurvenverläufe an der äußeren Wandoberfläche. Die tangentialen Eigenspannungen zeigen über dem größten Teil der Wanddicke einen biegespannungsartigen Verlauf, der mit der vorausgesetzten Spannungsverteilung der Zerlegemethode vergleichbar ist. In Bild 69 sind die Ergebnisse der Neutronenbeugung mit den tangentialen Biegeeigenspannungen (Bild 22) und deren angenommener Spannungsverteilung verglichen. Die mit der Neutronenbeugung gemessenen tangentialen Eigenspannungen zeigen über große Wanddikkenbereiche deutlich höhere Werte als die Spannungsverteilung der Biegeeigenspannungsmessung. Ein unmittelbarer Zusammenhang ist zwischen den $\sigma_{E,b}^{tan}$ - Werten und den höchsten gemessenen tangentialen Zugeigenspannungen im

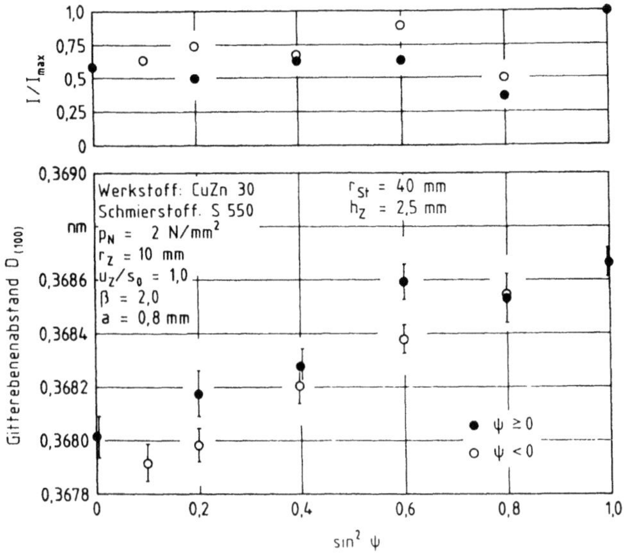

Bild 63: D,$\sin^2\psi$ - Verläufe der tangentialen Eigenspannungsmessungen mit den relativen Intensitäten I/I_{max} (r_{St} = 40 mm; a = 0,8 mm).

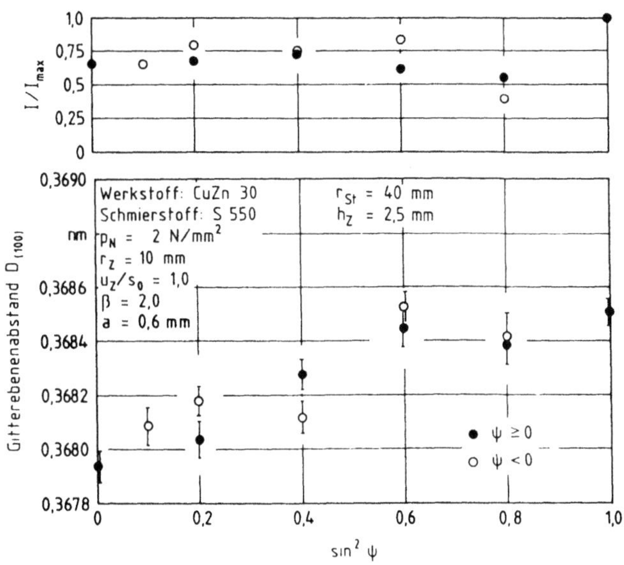

Bild 64: D,$\sin^2\psi$ - Verläufe der tangentialen Eigenspannungsmessungen mit den relativen Intensitäten I/I_{max} (r_{St} = 40 mm; a = 0,6 mm).

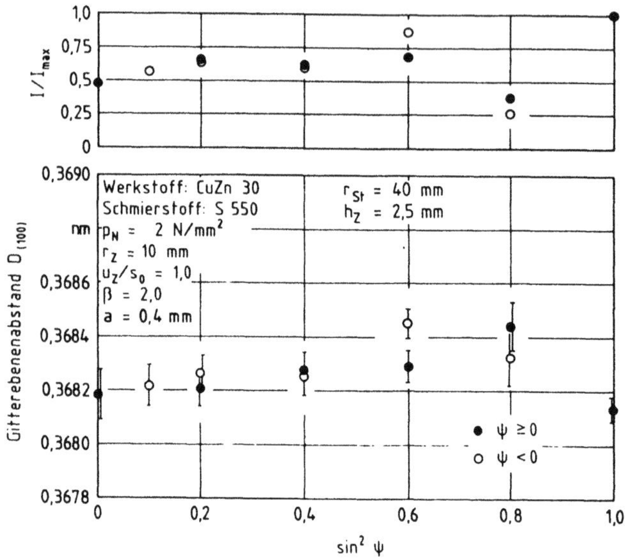

Bild 65: D,sin$^2\psi$ - Verläufe der tangentialen Eigenspannungsmessungen mit den relativen Intensitäten I/I_{max} (r_{St} = 40 mm; a = 0,4 mm).

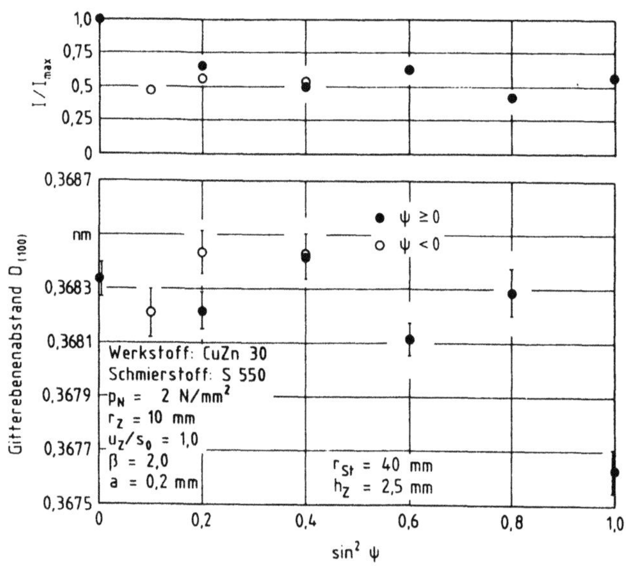

Bild 66: D,sin$^2\psi$ - Verläufe der tangentialen Eigenspannungsmessungen mit den relativen Intensitäten I/I_{max} (r_{St} = 40 mm; a = 0,2 mm).

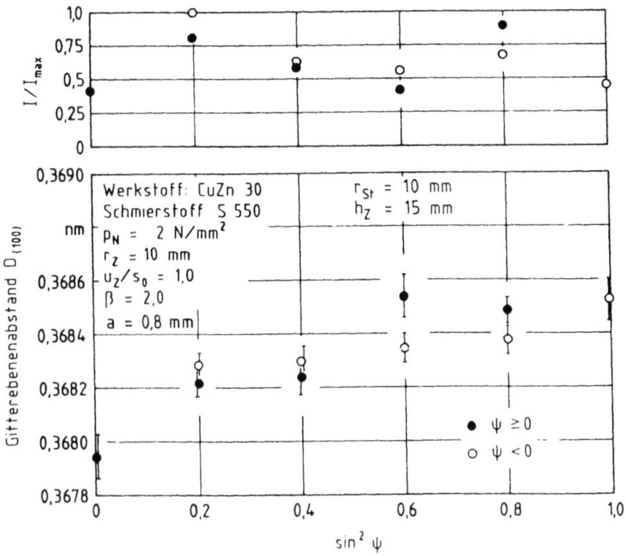

Bild 67: $D.\sin^2\psi$ - Verlauf der axialen Eigenspannungsmessung mit den relativen Intensitäten I/I_{max} (r_{St} = 10 mm; a = 0,8 mm).

Wandinneren nicht zu erkennen. Die Biegeeigenspannungswerte, die für die äußere Wandoberfläche gelten, weichen von den röntgenographischen Eigenspannungswerten erheblich ab, so daß keine Korrelation vorliegt und der integrale Charakter der Biegeeigenspannungen deutlich wird. Die Ursache der biegespannungsartigen Eigenspannungsverteilung in tiefgezogenen Werkstücken wird von Saito /45/ mit dem Rückbiegen des Bleches beim Verlassen der Umformzone bzw. des Ziehringes begründet. Die Spannungsverläufe in Bild 68 als Grundlage bestätigen diese Argumentation mit Ausnahme des Kurvenverlaufes im Bereich der äußeren Oberfläche, der mit dem Einfluß der Reibung zu begründen ist.

Eine Eigenspannungsverteilung über der Bauteildicke muß ein Kräfte- und Momentengleichgewicht erfüllen. Dies bedeutet für das Kräftegleichgewicht, daß die ober- und unterhalb der Abszisse liegenden Flächen, die von der Eigenspannungskurve begrenzt werden, in der Summe Null ergeben /37/. Die tangentiale Eigenspannungsverteilung von r_{St} = 40 mm scheint diese Bedingung unter dem Vorbehalt zu erfüllen, daß im Bereich der Wandinnenseite keine Meßwerte vorliegen und der Eigenspannungswert an der Position a = 0,2 mm mit einer großen Unsicherheit behaftet ist. Die Eigenspannungsverteilung für r_{St} = 10 mm scheint

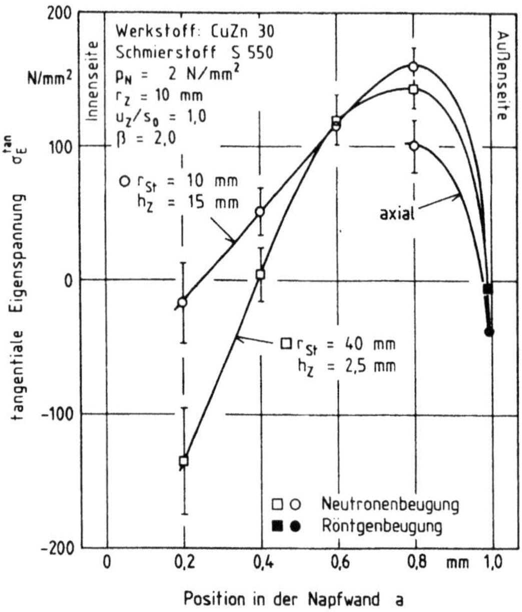

Bild 68: Eigenspannungen über der Wanddicke tiefgezogener Werkstücke.

diese Bedingung weniger gut zu erfüllen, wobei auch hier erst ein vollständiger Eigenspannungsverlauf eine endgültige Aussage ermöglicht.

Die Eigenspannungsverteilungen in Bild 68 können nur mit wenigen Ergebnissen aus der Literatur verglichen werden. Die Eigenspannungsmessungen von Saito /45/, die mit einem Bohrlochverfahren an tiefgezogenen Stahlnäpfen ermittelt wurden, zeigen qualitativ ähnliche Kurvenverläufe, bei denen ebenfalls Zugeigenspannungen über einem anteilsmäßig größeren Bereich der Wanddicke vorliegen. Auch bei hydrodynamisch tiefgezogenen Werkstücken aus Stahlblech wurden im Wandbereich zur äußeren Oberfläche hin qualitativ ähnliche tangentiale Eigenspannungsverteilungen wie in Bild 68 gemessen /49/. Hiermit sind Spannungsverläufe gemeint, die ein Zugeigenspannungsmaximum im Werkstoffinneren nahe der Oberfläche aufweisen und zur Oberfläche hin in Richtung Druckeigenspannungen stark abfallen.

Das Ergebnis der axialen Eigenspannungsmessung an dem Werkstück mit r_{St} = 10 mm Stempelradius ist in Bild 68 ebenfalls enthalten. An der Position

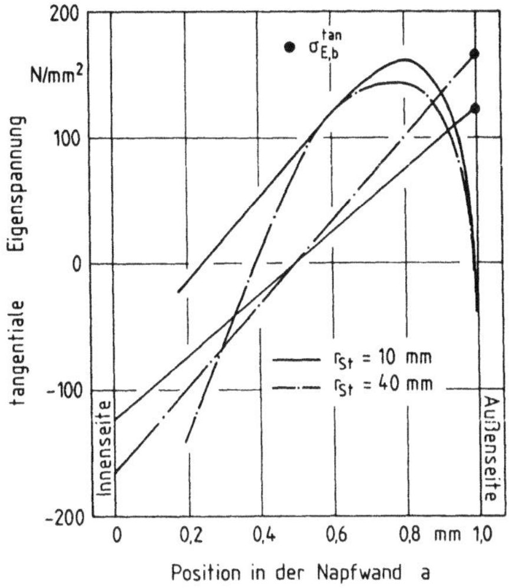

Bild 69: Vergleich der tangentialen Eigenspannungen von tiefgezogenen Werkstücken gemessen mit der Neutronenbeugung und der Zerlegemethode.

a = 0,8 mm im Wandinnern liegt eine hohe axiale Zugeigenspannung vor, die aber den tangentialen Zugeigenspannungswert an gleicher Position in der Napfwand nicht erreicht. Im Vergleich zu den Ergebnissen der Zerlegemethode (Bild 30) sollten aufgrund der Biegeeigenspannungen aber höhere axiale Zugeigenspannungen vorliegen. Eine Erklärung des Widerspruchs ist aufgrund der fehlenden Kenntnis des genauen axialen Eigenspannungsverlaufes über der Wanddicke nicht möglich, da sich der Biegeeigenspannungswert integral aus allen Eigenspannungsanteilen über der Wanddicke zusammensetzt.

7.2.2 Niederhalterlos tief- und abstreckgleitgezogene Werkstücke

Die tangentialen Eigenspannungsverteilungen von niederhalterlos tief- und abstreckgleitgezogenen Werkstücken wurden mit der Neutronenbeugung am Übergang von der Bodenrundung zur Zarge (h_Z = 0 mm) und bei der Zargenhöhe h_Z = 20 mm gemessen. An der Stelle h_Z = 0 mm traten axiale Spannungsrisse auf, die durch tangentiale Eigenspannungen hervorgerufen wurden. Am Ort h_Z = 20 mm wurde keine Spannungsrißkorrosion beobachtet, so daß der Unterschied im Eigenspannungsverlauf Aufschluß geben sollte. Als Blendengröße wurde ebenfalls 0,5 x 5 mm^2 verwendet. In Bild 70 ist beispielhaft eine $D,\sin^2\psi$ - Verteilung gezeigt. Nahezu alle $D,\sin^2\psi$ - Verteilungen (s. Anhang) weisen eine gute Linearität auf und die Verteilungen der relativen Intensitäten I/I_{max} deuten auf keine starken Texturen hin.

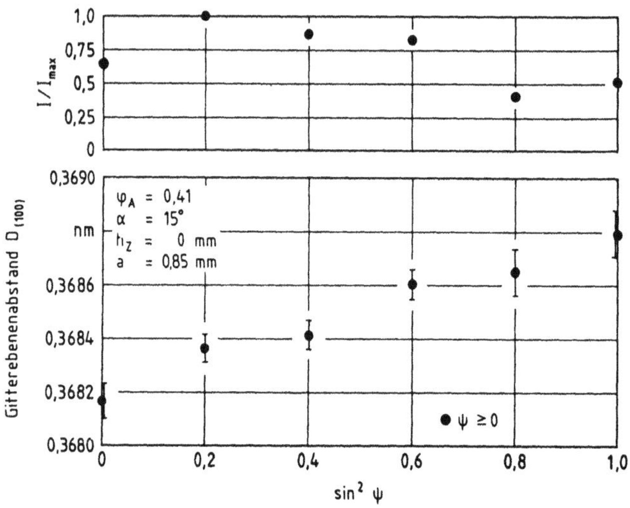

Bild 70: $D,\sin^2\psi$ - Verteilung und relative Intensitäten I/I_{max}
(φ_A = 0,41; α = 15°; h_Z = 0 mm; a = 0,85 mm).

Die tangentialen Eigenspannungsverteilungen von Werkstücken, die bei φ_A = 0,41 und α = 5° hergestellt wurden, sind in Bild 71 für h_Z = 0 und 20 mm enthalten. Die Kurvenverläufe sind am Ort der äußeren Oberfläche mit den Ergebnissen der röntgenographischen Messungen ergänzt. Bei h_Z = 0 mm liegen über der Wanddicke gleichmäßig verlaufende Zugeigenspannungen vor, die nahe der äußeren Oberfläche steil zu Druckeigenspannungen hin abfallen. Diese Spannungsverteilung unterscheidet sich deutlich von einer Biegespannungsverteilung und zeigt, daß die Zerlegemethode diesen Eigenspannungszustand nicht richtig auflösen kann. In Bild 42 wird eine Biegeeigenspannung von $\sigma_{E,b}^{tan} \approx 15$ N/mm^2 am Ort der äußeren Oberfläche bei h_Z = 0 mm abgelesen. Durch das Abspanen der Ringe aus diesem Zargenbereich bauen sich die tangentialen Eigenspannungen, die den Charakter einer überlagerten Zugspannung haben, in Form einer geringen Durchmesserverkleinerung weitgehend ab. Auf das Ergebnis der Biegeeigenspannungsmessung wirken sich dann nur noch Resteigenspannungen aus, die unsymmetrisch zum Mittelpunkt der Wanddicke verteilt sind.

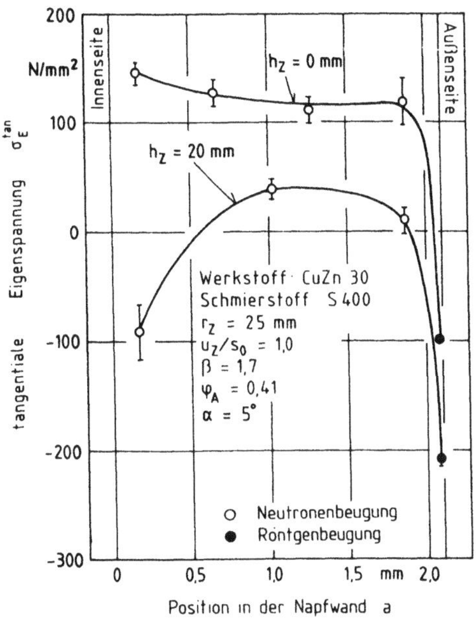

Bild 71: Tangentiale Eigenspannungsverteilungen über der Wanddicke von niederhalterlos tief- und abstreckgleitgezogenen Werkstücken (φ_A = 0,41; $\alpha = 5°$).

Die tangentialen Zugeigenspannungen bei h_Z = 0 mm werden durch den Napfboden hervorgerufen. Während der Umformung werden der Napfboden und die Bodenrundung elastisch komprimiert und weiten nach dem Verlassen des Abstreckrings elastisch auf. Die Napfwand steht unter tangentialen Zugspannungen, solange sich nach dem Abstreckgleitziehen der Napf auf dem Stempel befindet und zieht sich nach dem Abstreifen elastisch zusammen. Im Bereich der Übergangsstelle (h_Z = 0 mm) liegt daher eine gegenläufige Tendenz der elastischen Rückfederungen vor. Der Napfboden hält tangentiale Zugeigenspannungen in der Napfwand aufrecht, wobei die Wirkung des Napfbodens in der Napfwand mit zunehmendem Abstand vom Boden schnell abnimmt. Die Kraftübertragung zwischen Boden und Napfwand erfolgt über Schubeigenspannungen, wodurch das Kräftegleichgewicht

$$\int_{dA} \sigma_E^{tan} dr = 0 \tag{20}$$

nicht mehr erfüllt ist, da eine axial inhomogene Spannungsverteilung vorliegt ($\tau_E^{zr} \neq 0$). Die tangentialen Zugeigenspannungen σ_E^{tan} stehen mit den Schubeigenspannungen τ_E^{zr} nach

$$\int_{r_i}^{r_a} \tau_E^{rz} \sin\theta \cdot \pi \cdot r\,dr = h \int_{r_i}^{r_a} \sigma_E^{tan}\,dr \tag{21}$$

in einem statischen Gleichgewicht, wie in Bild 72 an einem Ring der Napfwand schematisch dargestellt ist.

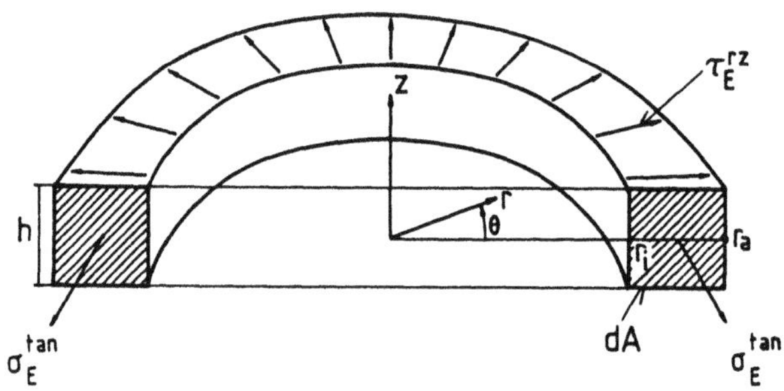

Bild 72: Schematische Darstellung des Kräftegleichgewichtes.

Der tangentiale Eigenspannungsverlauf bei der Zargenhöhe h_Z = 20 mm (Bild 71) weist nur in der Wandmitte moderate Zugeigenspannungen auf. Zu den beiden Oberflächen hin fällt der Verlauf in den Druckeigenspannungsbereich ab, wobei die hohen Beträge an der äußeren Oberfläche auffallen. Der Kurvenverlauf scheint die Bedingung des Kräftegleichgewichtes zu erfüllen, indem die Integration der Kurve über der Wanddicke schätzungsweise Null ergibt. Im Vergleich zu dem Eigenspannungsverlauf bei h_Z = 0 mm ist die Wirkung von Kräften durch den Napfboden abgeklungen. Die tangentiale Eigenspannungsverteilung weist einen hohen Anteil an Spannungen auf, die zur Wandmitte symmetrisch verteilt sind.

Hierdurch liegt nur ein geringes resultierendes Biegemoment vor, wodurch bei dem Ergebnis der Zerlegemethode nur ein geringer Biegeeigenspannungswert gemessen wird. In Bild 42 ist bei h_Z = 20 mm ein nahe bei Null liegender Biegeeigenspannungswert abzulesen, womit die Ergebnisse beider Meßverfahren in Übereinstimmung sind. Die Zerlegemethode ist auch hier nicht geeignet, da kein Biegespannungszustand vorliegt.

Die tangentialen Eigenspannungsverteilungen der Werkstücke, die bei dem Abstreckwinkel $\alpha = 15°$ und dem Abstreckgrad $\varphi_A = 0{,}41$ hergestellt wurden, sind in Bild 73 für die Zargenhöhen h_Z = 0 und 20 mm gezeigt. Bei beiden Zargenhöhen liegen sehr ähnliche Spannungsverteilungen wie bei den bei $\alpha = 5°$ umgeformten Werkstücken vor (Bild 71). Der Spannungsverlauf bei h_Z = 0 mm zeigt ebenfalls wieder eine durch den Napfboden hervorgerufene zugspannungsartige Überlagerung. Die Zugeigenspannungen erreichen dabei ähnliche Werte wie bei $\alpha = 5°$. Der Abstreckwinkel wirkt sich bei h_Z = 0 mm auf die tangentiale Eigenspannungsverteilung zu den Wandoberflächen hin aus. Bei $\alpha = 5°$ reichen höhere Zugeigenspannungen näher zu den beiden Oberflächen hin.

Die Meßpunkte, die bei der Zargenhöhe h_Z = 20 mm den tangentialen Eigenspannungsverlauf über der Wanddicke teilweise angeben (Bild 73), deuten auch hier auf sehr ähnliche Gegebenheiten wie bei dem Abstreckwinkel $\alpha = 5°$ hin. Auch hier liegen im Wandinneren mäßig hohe Zugeigenspannungen vor, die zu den Oberflächen hin von Druckeigenspannungen umrandet werden. Weiterhin scheint das Kräftegleichgewicht ebenfalls erfüllt zu sein. Der höhere Abstreckwinkel wirkt sich in einer leichten Verschiebung des Eigenspannungsverlaufes in Richtung Zugspannungen im Bereich der Meßpunkte nahe der Innenseite aus.

In die Eigenspannungsanalyse wurde ein weiteres Werkstück einbezogen, das bei dem Abstreckgrad $\varphi_A = 0{,}23$ und und dem Abstreckwinkel $\alpha = 5°$ hergestellt wurde. Der tangentiale Eigenspannungsverlauf bei h_Z = 0 mm (Bild 74) wird ebenfalls von Kräften beeinflußt, die vom Napfboden eingebracht werden. Im Vergleich zu den Werkstücken, die bei $\varphi_A = 0{,}41$ hergestellt wurden (Bild 71), wirkt sich der niedrigere Abstreckgrad in deutlich geringeren Zugeigenspannungen nahe der Wandinnenseite aus. Die tangentialen Eigenspannungen sind aufgrund des kleineren Abstreckgrades in diesem Wandbereich insgesamt schwächer.

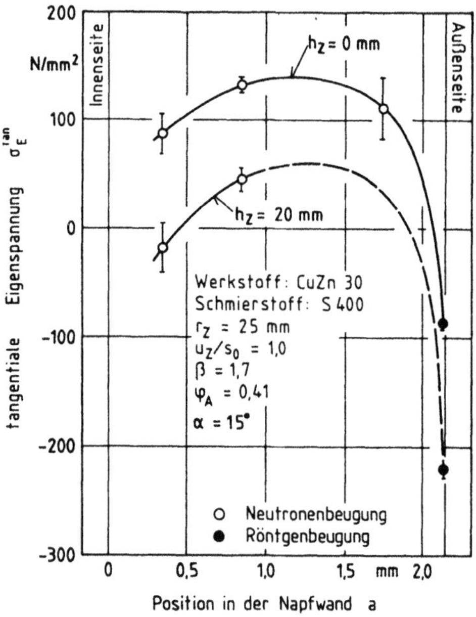

Bild 73: Tangentiale Eigenspannungsverteilungen über der Wanddicke von niederhalterlos tief- und abstreckgleitgezogenen Werkstücken (φ_A = 0,41; α = 15°).

7.2.3 Zusammenhang mit der Spannungsrißkorrosion

Im folgenden werden die Zusammenhänge zwischen den Eigenspannungsverteilungen, die mit den Beugungsverfahren ermittelt wurden, und dem Spannungsrißkorrosionsverhalten dargestellt.

Tiefgezogene Werkstücke

Bei den mit unterschiedlichen Stempelradien tiefgezogenen Werkstücken wurden die tangentialen Eigenspannungsverteilungen in unterschiedlichen Napfbereichen (Zargenhöhen) bestimmt (Bild 68).

Die Ergebnisse der Spannungsrißkorrosionsversuche an den Werkstücken mit β = 2,0 unterscheiden sich zunächst in den Anrißzeiten (Bild 24). Der Einfluß des Oberflächeneigenspannungszustandes wurde bereits in Kapitel 5.1 dargestellt. Das Vorliegen von Druckeigenspannungen in der Oberflächenschicht behindert die Spannungsrißkorrosion. Beim vorliegenden Spannungszustand müssen die

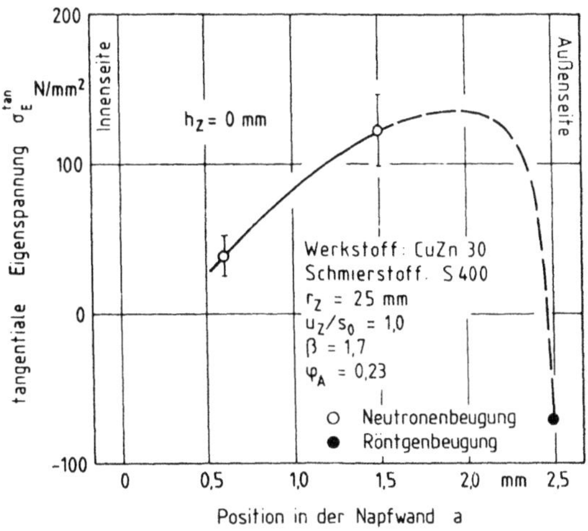

Bild 74: Tangentiale Eigenspannungsverteilung über der Wanddicke von niederhalterlos tief- und abstreckgleitgezogenen Werkstücken (φ_A = 0,23; $\alpha = 5°$).

sich bildenden Anrisse bezüglich der Rißtiefe zwei Bedingungen erfüllen, bevor das Spannungsrißwachstum eintreten kann. Die Rißtiefe muß ausreichend sein, um die Bildung von CuO zu ermöglichen, und weiterhin müssen die Rißspitzen in Werkstückbereiche vordringen, die mit Zugeigenspannungen behaftet sind. Unter der Annahme, daß das Vordringen der Rißspitzen in Gebiete mit ausreichend hohen Zugeigenspannung als entscheidender Faktor gilt, ist aus Bild 68 näherungsweise zu entnehmen, daß für r_{St} = 10 mm nach einem vergleichsweise geringeren Rißweg ausreichend hohe Zugeigenspannungen vorliegen und daraus die kürzere Anrißzeit resultiert.

Wie bereits in Kap. 5.1 beschrieben, sind die Verläufe der Risse während der Anrißzeit mit der späteren Rißausbreitung nicht unbedingt identisch. Bei r_{St} = 10 mm entstehen zunächst netzartige Strukturen, an die sich im weiteren axiale Spannungsrisse, hervorgerufen durch tangentiale Eigenspannungen, anschließen. Die Ursache für diesen Ablauf der Spannungsrißkorrosion gibt Bild 68 aufgrund des axialen Eigenspannungswertes an der Position a = 0,8 mm an. Dieser Wert liegt deutlich tiefer als der tangentiale Eigenspannungswert, so daß die tangentialen Zugeigenspannungen den Spannungsrißvorgang bestimmen.

Die Darstellung des Spannungsrißverhaltens durch Auftragung der Rißtiefe über dem Logarithmus der Zeit bedeutet, daß sich aufgrund der näherungsweise linearen Abhängigkeit (Bild 24) die Rißgeschwindigkeit mit fortlaufender Zeit verlangsamt. Das Eindringen der Risse in die Werkstücke führt zu einem Eigenspannungsabbau, der die Rißgeschwindigkeit verringert. Bei Vorliegen eines Biegeeigenspannungsverlaufes ist der Eigenspannungsabbau mit steigender Rißtiefe wie in Bild 75 dargestellt vorstellbar und kann rechnerisch mit Gleichung (Gl. 4) der Zerlegemethode angenähert werden. Unter der Voraussetzung, daß ein gekrümmter Blechstreifen mit einem Radius r_1 auf einen Radius r_0 elastisch gebogen wird, entspricht die Spannung in der äußeren Faser der Randbiegeeigenspannung $\sigma_{E,b}^{tan}$:

$$\sigma_{E,b}^{tan} = E \cdot \frac{s}{2} \cdot \left(\frac{1}{r_0} - \frac{1}{r_1}\right) \qquad (4)$$

Bei konstantem r_0 und r_1 ist $\sigma_{E,b}^{tan}$ proportional zur Blechdicke s. Unter der Annahme, daß das Eindringen der Risse die für elastische Biegung wirksame Blechdicke vermindert, steht die Rißspitze bis zum völligen Durchriß unter Zugspannungen. Dabei ist zu bemerken, daß unmittelbar an der Rißspitze aufgrund der Kerbwirkung deutlich höhere Spannungen zugegen sind, als die Biegetheorie vorhersagt.

Der Vergleich der Eigenspannungsverläufe (Bild 68) mit den Spannungsrißkorrosionsergebnissen (Bild 24) zeigt, daß die niedrigere Rißgeschwindigkeit der Werkstücke mit r_{St} = 10 mm höheren Zugeigenspannungen gegenüber steht. Diese Unstimmigkeit kann darin begründet liegen, daß bei r_{St} = 40 mm der Ort der Neutronenbeugungsmessung mit dem Ort der höchsten Spannungsrißkorrosionsanfälligkeit nicht genau übereinstimmt und höhere Eigenspannungen für das Spannungsrißkorrosionsverhalten verantwortlich sind. Die Hauptschädigung trat bei r_{St} = 40 mm bei h_Z = 0 mm und etwas unterhalb im Bereich der Bodenrundung auf. Der Meßort wurde bei der Neutronenbeugungsmessung aufgrund der Geometrie des Meßvolumens bei h_Z = 2,5 mm gewählt. Das Meßvolumen hatte eine Höhe von 5 mm, so daß der Zargenbereich von h_Z = 0 bis 5 mm überdeckt wurde und der Eigenspannungswert einen Mittelwert über diesen Bereich der Zarge darstellt. Damit wurde vermieden, daß Bereiche der Bodenrundung vermessen wurden und hierdurch die geometrische Abweichung der Bodenrundung von der zylindrischen Form der Napfwand einen Einfluß nahm. Es ist anzunehmen, daß in dem Hauptschädigungsgebiet von r_{St} = 40 mm höhere Zugeigenspannungen als in dem von r_{St} = 10 mm bei h_Z = 15 mm vorliegen. Der tangentiale Biegeeigenspannungsverlauf von r_{St} = 40 mm (Bild 22) zeigt im Bereich von h_Z = 0 mm einen starken Anstieg, der sich in den Bereich der Bodenrundung

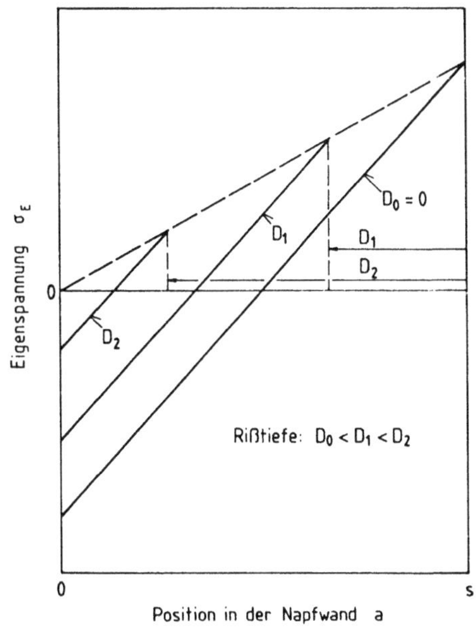

Bild 75: Eigenspannungsabbau während dem Rißwachstum.

fortzusetzen andeutet. An abgespanten Ringen unterhalb von h_Z = 0 mm war festzustellen, daß nach dem Auftrennen hohe Zugbiegeeigenspannungen den Durchmesser der Ringe erheblich vergrößerten. Aufgrund der nicht zylindrischen Geometrie der Ringe aus der Bodenrundung ist eine Berechnung der Biegeeigenspannung nach der Formel der Zerlegemethode nicht bekannt.

Für den Stempelradius r_{St} = 10 mm zeigen die tangentialen Biegeeigenspannungen (Bild 22), daß die Neutronenbeugungsmessung bei h_Z = 15 mm im Bereich der höchsten Zugeigenspannungen durchgeführt wurde. Mit einer Länge von 5 mm des Meßvolumens war im Vergleich zur Breite des Kurvenmaximums eine ausreichende örtliche Auflösung möglich. Bei r_{St} = 40 mm macht der steile Kurvenverlauf bei kleinen Zargenhöhen eine kleinere Blendengröße notwendig, um am Ort der höchsten Zugeigenspannung den Spannungsverlauf besser auflösen zu können. Der in Bild 68 gezeigte Eigenspannungsverlauf für r_{St} = 40 mm beschreibt daher das Spannungsrißkorrosionsverhalten nicht zutreffend. Die tangentialen Eigenspannungen, die bei r_{St} = 40 mm die Spannungsrißkorrosion bestimmen, müssen höher sein.

Niederhalterlos tief- und abstreckgleitgezogene Werkstücke

Die niederhalterlos tief- und abstreckgleitgezogenen Werkstücke wurden in den Korrosionsversuchen durch axiale Spannungsrisse am Übergang von der Bodenrundung in die Zarge (h_Z = 0 mm) geschädigt. In diesem Wandbereich liegen bei den Werkstücken, die mit dem Abstreckwinkel α = 5° hergestellt wurden, nur geringe tangentiale Zugbiegeeigenspannungen vor (Bild 46). Nur bei den mit φ_A = 0,41 und α = 15° abgestreckten Werkstücken sind deutliche Zugbiegeeigenspannungen vorhanden (Bild 42). Die Unterschiede in den Biegeeigenspannungen schlagen sich in den Korrosionsversuchen aber nicht nieder. Die Werkstücke, deren Korrosionsergebnisse in Bild 44 enthalten sind, weisen für beide Abstreckwinkel ähnlich hohe Rißgeschwindigkeiten auf.

Mit der Neutronenbeugung wurden die Eigenspannungen, die für die Spannungsrisse bei den abstreckgleitgezogenen Werkstücken verantwortlich waren, nachgewiesen (Bild 71). Im Vergleich zu den tiefgezogenen Werkstücken (Bild 68) treten über der Wanddicke niedrigere Zugeigenspannungen auf, wodurch in Verbindung mit einer höheren Verfestigung im Bereich der Spannungsrisse (vgl. Bild 25 und 52) eine niedrigere Rißgeschwindigkeit resultiert. Die äußere Oberflächenschicht ist ebenfalls mit Druckeigenspannungen behaftet und muß während der Anrißzeit von den sich bildenden Rissen überwunden werden. Die Anrißzeit liegt dabei im gleichen Bereich wie bei den tiefgezogenen Werkstücken und deutet an, daß Zugeigenspannungen bis nahe der äußeren Oberfläche vorliegen.

Die abstreckgleitgezogenen Werkstücke zeigten außer am Übergang Bodenrundung/Zarge keine deutliche Spannungsrißkorrosion. Dies läßt sich mit der tangentialen Eigenspannungsverteilung über der Wanddicke bei der Zargenhöhe h_Z = 20 mm erklären (Bild 71).

Die tangentialen Eigenspannungen der Werkstücke, die bei α = 15° und φ_A = 0,41 umgeformt wurden, sind über der Wanddicke bei h_Z = 0 mm ähnlich verteilt wie bei den Werkstücken mit α = 5° (vgl. Bild 73 mit 71). Damit ist das wenig abweichende Korrosionsverhalten in Abhängigkeit des Abstreckwinkels begründet (Bild 44). Die höheren Zugeigenspannungen in der Wandmitte bei α = 15° können als Ursache für die etwas höhere Rißgeschwindigkeit gegenüber α = 5° gesehen werden.

Diese Eigenspannungsverteilungen in Bild 74 und 73 sind praktisch nicht spannungsrißanfällig. Im Wandinneren liegen bei dem größeren Abstreckgrad $\alpha = 15°$ etwas höhere Zugeigenspannungen vor, so daß die Auswirkung einer inhomogeneren Umformung aufgrund eines größeren α bemerkbar ist /59/.

In den Korrosionsversuchen wirkt sich eine Erniedrigung des Abstreckgrades in einer Zunahme der Anrißzeit und einer Abnahme der Rißgeschwindigkeit aus (Bild 48). Aus dem Vergleich von Bild 71 und 74 ist bei dem kleineren Abstreckgrad $\varphi_A = 0{,}23$ festzustellen, daß bei $h_Z = 0$ mm die tangentialen Zugeigenspannungen im Bereich zur Wandinnenseite hin deutlich niedriger sind. Die Folge ist eine kleinere Rißgeschwindigkeit während der Spannungsrißkorrosion.

8 Eigenspannungen und Spannungsrißkorrosion beim Abstreckgleitziehen mit druckbeaufschlagtem Zargenrand (Zerlegemethode)

Die zusätzliche Kraftbeaufschlagung auf den Zargenrand des Werkstückes beim Abstreckgleitziehen bewirkt, daß im Vergleich zum niederhalterlosen Tiefziehen und anschließendem Abstreckgleitziehen die Verfahrensgrenze erheblich erweitert ist. Bei dem Abstreckwinkel $\alpha = 5°$ und dem Ziehverhältnis $\beta = 1{,}9$ bei der Rohteilherstellung waren Werkstücke bei dem Umformgrad $\varphi_A = 1{,}11$ und der Kraftbeaufschlagung $F_Z = 100$ kN auf den Zargenrand herstellbar. Wie von Busch /59/ gezeigt, können beim konventionellen Abstreckgleitziehen mit sehr kleinen Abstreckwinkeln ($\alpha = 2°$) hohe Abstreckgrade erreicht werden. Dabei wird der Napfboden völlig von der Stempelkraft entlastet und der Vorgang in einen reinen Druckumform-Vorgang umgewandelt. Mit Hilfe des Druckringes sind bei entsprechender Druckkraft vergleichbar hohe Abstreckgrade auch bei größeren Abstreckwinkeln erzielbar. Dabei werden die Werkzeugbauhöhe und die Werkzeugkosten deutlich geringer als beim Verfahren nach Busch. Bei gegebener Druckringkraft traten mit den größeren Abstreckwinkeln Reißer auf, woraus der gleiche Einfluß des Abstreckwinkels auf die Verfahrensgrenze wie beim konventionellen Abstreckgleitziehen /65/ abzuleiten ist.

Bezüglich der Maßgenauigkeit konnten mit dem Werkzeug gute Ergebnisse erzielt werden. Bei $\alpha = 5°$ und $\varphi_A = 1{,}11$ waren Werkstücke mit hoher Zylindrizität der umgeformten Napfwand herstellbar. In Bild 76 (links) ist an einem Querschliff dargestellt, daß im Gegensatz zu konventionell bei höheren Umformgraden abstreckgleitgezogenen Werkstücken (vgl. Bild 50) der Übergang Bodenrundung/Zarge den gleichen Durchmesser wie die Zarge aufweist. Bei größeren Abstreckwinkeln wurden jedoch oftmals - in Anhängigkeit von der Druckkraft - deutliche Absätze am Übergang erhalten, vgl. Bild 76 rechts. In diesem Fall ist nur ein kleiner Absatz vorhanden, der bei der Entnahme des Werkstückes aus dem Abstreckring zu keiner Deformation des Bodens führte.

Der Umformvorgang endete mit dem Aufsetzen des Druckrings auf dem Abstreckring, wodurch Werkstücke mit einem Flansch resultierten. Die Entnahme der Werkstücke ist bei hohen Abstreckgraden nicht mit dem Durchziehen und Abstreifen vom Stempel möglich, da die Wirkung des Druckringes ausbleibt und das Werkstück durch einen Reißer zerstört wird. Die Entnahme erfolgte durch Auseinanderfahren des Werkzeugs, wobei je nach Ausbildung des Absatzes am Übergang Bodenrundung/Zarge die Werkstücke am Stempel anhafteten und mit dem Druckring abgestreift werden konnten oder im Abstreckring hängen blieben und

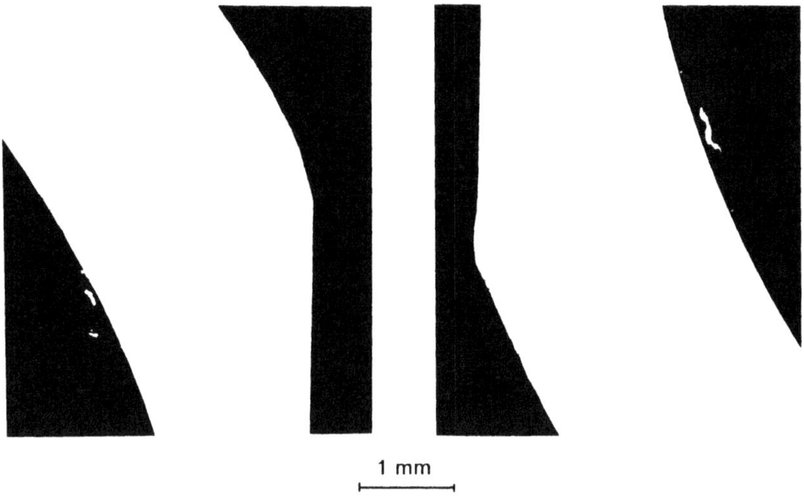

Bild 76: Axiale Querschnitte am Übergang von abstreckgleitgezogenen Werkstükken mit Druckbeaufschlagung ($\beta = 1{,}9$). Links: kein Absatz ($\varphi_A = 1{,}11$; $\alpha = 5°$; $F_Z = 100$ kN). Rechts: geringer Absatz ($\varphi_A = 0{,}70$; $\alpha = 10°$; $F_Z = 80$ kN).

herausgepreßt werden mußten. Werkstücke, deren Durchmesser am Übergang einige Zehntel Millimeter größer war als die Bohrung des Abstreckringes, konnten nur mit größeren Kräften entfernt werden. Eine Deformation des Napfbodens war dabei unvermeidlich und beeinträchtigte die Werkstückqualität. Insbesondere wurde dadurch ein sehr ungünstiger Eigenspannungszustand in der Napfwand nahe dem Boden erzeugt, der - wie exemplarische Korrosionsversuche zeigten - zu einer schnellen Zerstörung des Werkstücks führte.

Die abstreckgleitgezogenen Werkstücke können in die Bereiche umgeformtes Werkstück, Umformzone und nicht umgeformter Flansch unterteilt werden (Bild 77). Im Bereich der Umformzone wurden keine Biegeeigenspannungsmessungen durchgeführt, da die Voraussetzung einer konstanten Wanddicke nicht gegeben ist. Aufgrund dessen sind die ermittelten tangentialen Eigenspannungsverläufe unterbrochen. Die axialen Biegeeigenspannungen wurden nur im umgeformten Bereich bestimmt.

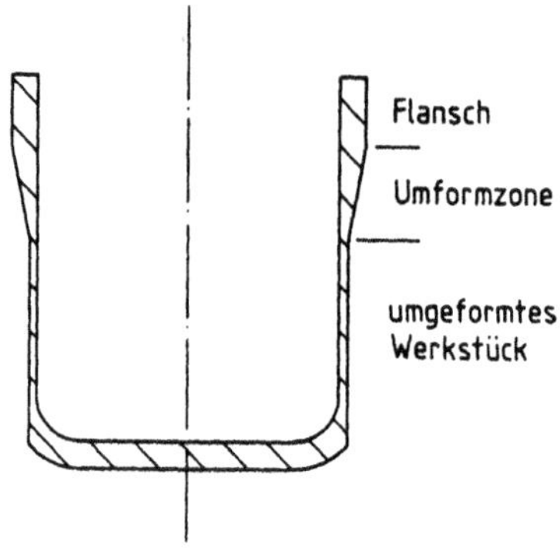

Bild 77: Querschnitt der abstreckgleitgezogenen Werkstücke mit Druckbeaufschlagung.

8.1 Einfluß der Druckbeaufschlagung

Neben der Möglichkeit, mit Hilfe des Druckringes höhere Umformgrade beim Abstreckgleitziehen zu erreichen, übt die Kraftbeaufschlagung einen wesentlichen Einfluß auf den Eigenspannungszustand und damit auf das Spannungsrißkorrosionsverhalten aus. Die Ausbildung der Biegeeigenspannungen bei verschiedenen Druckkräften ist in den Bildern 78 und 79 für den Umformgrad φ_A = 0,70 und den Abstreckwinkel α = 5° dargestellt. Das Ziehverhältnis der Rohteile betrug β = 1,9. Die tangentialen Biegeeigenspannungen liegen im Bereich der umgeformten Zone bei kleinen Zargenhöhen bei schwachen positiven Werten, die mit steigender Druckkraft geringfügig zunehmen. Zum Rand der Umformzone richten sich die Kurvenverläufe zu leichten Druckeigenspannungen hin. Der tangentiale Biegeeigenspannungsverlauf des nicht umgeformten Zargenbereiches im oberen Teil des Diagramms weist erhebliche Zugeigenspannungen auf, die von der Rohteilherstellung durch Tiefziehen herrühren. Die Kurvenzweige für die beiden Werte der Druckkraft sind praktisch identisch, so daß die Kraftbeaufschlagung offensichtlich keine Änderung der Eigenspannungen im nicht umgeformten Wandbereich verursachte.

Die axialen Biegeeigenspannungsverläufe (Bild 79) weisen im Bereich kleiner Zargenhöhen ein Zugeigenspannungsmaximum auf, dessen Höchstwert mit steigender Druckkraft größer wird. Dabei sind die Zugeigenspannungen bei F_Z = 80 kN erheblich und verursachen im Gegensatz zu F_Z = 40 kN in den Spannungsrißkorrosionsversuchen tangentiale Risse.

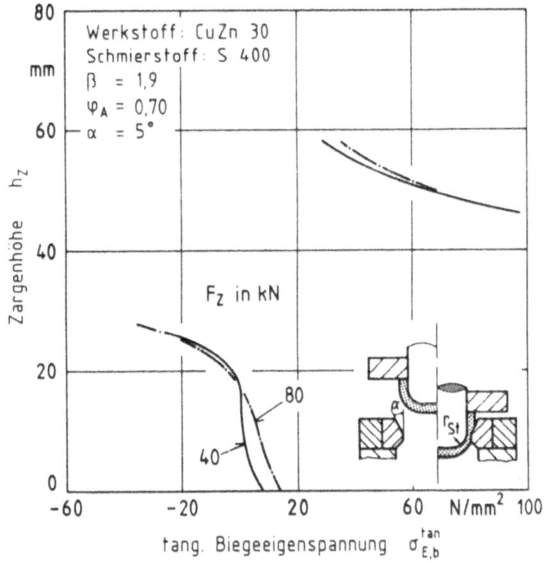

Bild 78: Tangentiale Biegeeigenspannungen bei verschiedenen Druckkräften F_Z.

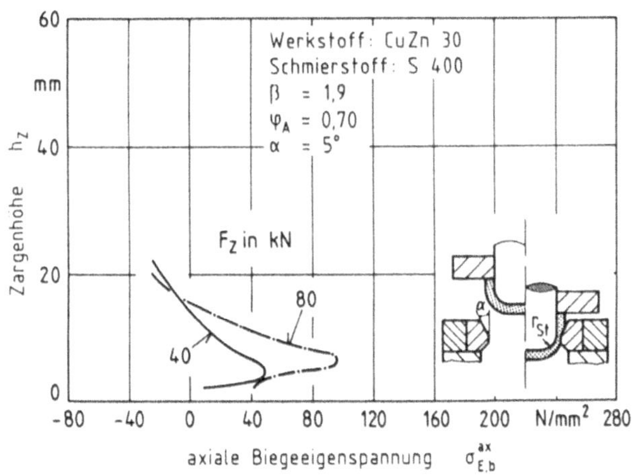

Bild 79: Axiale Biegeeigenspannungen bei verschiedenen Druckkräften F_Z.

Das Spannungsrißkorrosionsverhalten der abstreckgleitgezogenen Werkstücke, die mit Druckbeaufschlagung umgeformt wurden, unterscheidet sich bezüglich den Rißverläufen und der Lebensdauer wesentlich von den bisher dargestellten Werkstücken. In allen Korrosionsversuchen traten durch axiale Eigenspannungen verursachte tangentiale Risse auf, die etwas unterhalb der Kante des Übergangs von der Bodenrundung zur Zarge entstanden. In Bild 80 sind die tangentialen Risse eines Werkstückes, die nach 336 Stunden eine Rißtiefe von ca. 37% der Wanddicke erreicht haben, dargestellt. Die Risse sind an der starken Salzbildung erkennbar. Die weiterhin sichtbaren axialen Risse in der Bodenrundung waren für die Lebensdauer nicht bedeutend.

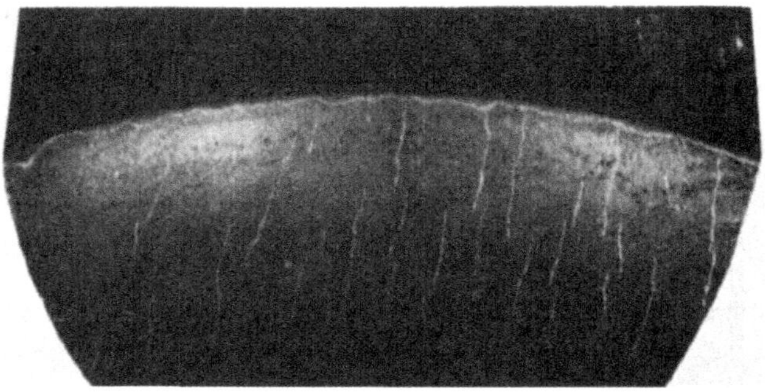

Bild 80: Rißmorphologie an der Bodenrundung eines abstreckgleitgezogenen Werkstücks mit Druckbeaufschlagung nach einer Korrosionsdauer von 336 h (φ_A = 0,70; β = 1,9; α = 5°; F_Z = 80 kN).

In Bild 81 sind die Ergebnisse der Spannungsrißkorrosionsversuche an Werkstükken, die bei unterschiedlichen Druckkräften hergestellt wurden, enthalten. Der Kurvenverlauf für F_Z = 40 kN beschreibt das Rißverhalten der tangentialen Risse, wie sie sich in Bild 80 darstellen. Hierbei liegt die Anrißzeit im gleichen Bereich wie bei den Werkstücken, die mit den vorhergehend beschriebenen Umformverfahren hergestellten wurden. Hingegen ergibt sich eine Lebensdauer von größenordnungsmäßig über 200.000 Stunden, wodurch das Spannungsrißkorrosionsverhalten nochmals erheblich verbessert ist.

Die Werkstücke, die bei F_Z = 80 kN hergestellt wurden, waren zusätzlich zu den Rissen an der Bodenrundung durch tangentiale Risse im Bereich von h_Z = 4 bis

8 mm geschädigt. Die Anrißzeit dieser Risse lag zwar gegenüber denjenigen an der Bodenrundung höher, jedoch verkürzten diese Risse aufgrund eines schnelleren Rißwachstums die Lebensdauer auf ungefähr 20.000 Stunden. Diese zusätzlichen Risse bei F_Z = 80 kN Druckkraft werden durch axiale Zugeigenspannungen hervorgerufen, die aus dem axialen Biegeeigenspannungsverlauf in Form eines Zugspannungsmaximums hervorgehen (Bild 79).

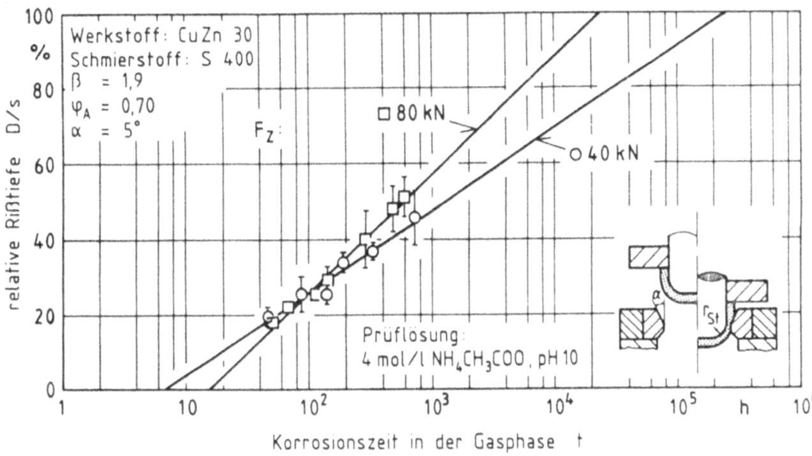

Bild 81: Spannungsrißkorrosion bei verschiedenen Druckkräften F_Z.

Das Spannungsrißkorrosionsverhalten dieser Werkstücke wird im wesentlichen nur vom Eigenspannungszustand, der von der Druckkraft beeinflußt wird, bestimmt. Die Verfestigung und die Bauteilgeometrie bleiben von der Höhe der Druckkraft praktisch unberührt. Im Vergleich zu konventionell abstreckgleitgezogenen Werkstücken äußert sich der Einfluß der Druckkraft auf die Spannungsrißkorrosion in einer markanten Erhöhung der Lebensdauer. Dabei scheint aber im untersuchten Druckkraftbereich eine Verringerung der Lebensdauer mit steigender Druckkraft aufzutreten. In Hinblick auf die Herstellbarkeit der Werkstücke bei Umformgraden, bei denen ohne Kraftbeaufschlagung Reißer auftreten, ist demnach eine minimal erforderliche Druckkraft anzunehmen, bei der ein günstiger Eigenspannungszustand ein optimales Spannungsrißkorrosionsverhalten zur Folge hat.

8.2 Einfluß des Abstreckwinkels

Zur Herstellung von Werkstücken für den Umformgrad $\varphi_A = 0{,}70$ mußte bei verschiedenen Abstreckwinkeln eine Druckkraft von $F_Z = 80$ kN verwendet werden, um bei $\alpha = 10°$ Werkstücke zu erhalten, die nur einen geringen Absatz am Übergang aufwiesen (vgl. Bild 76 rechts) und damit ohne Deformation des Bodens aus dem Abstreckring entnommen werden konnten. Der Einfluß des Abstreckwinkels auf die Werkstückeigenschaften wurde nur anhand der Biegeeigenspannungen untersucht.

Die tangentialen Biegeeigenspannungsverläufe für die beiden untersuchten Abstreckwinkel (Bild 82) sind bei kleinen Zargenhöhen identisch und weisen geringe Zugeigenspannungen auf. Der Abstreckwinkel $\alpha = 10°$ führt über dem umgeformten Zargenbereich zu einem gleichmäßigeren Biegeeigenspannungsverlauf, der zum Rand der Umformzone in Richtung Zugeigenspannungen ansteigt. In einem exemplarischen Korrosionsversuch zeigten sich in diesem Bereich axiale Risse, die durch diese Zugeigenspannungen verursacht wurden.

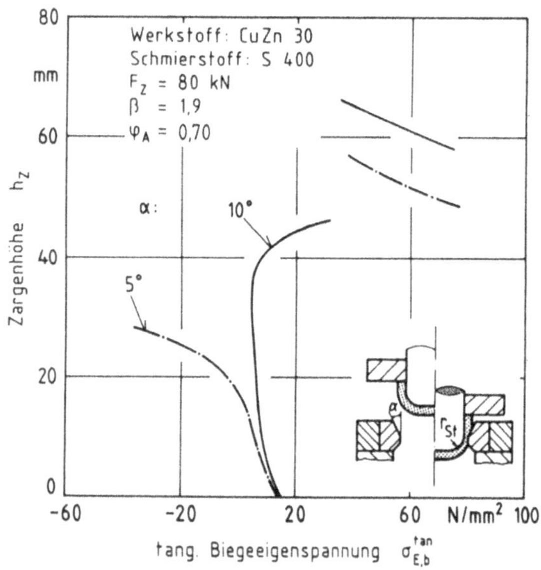

Bild 82: Tangentiale Biegeeigenspannungen bei verschiedenen Abstreckwinkeln α.

Bei den axialen Biegeeigenspannungen (Bild 83) bedingt der größere Abstreckwinkel einen günstigeren Eigenspannungsverlauf, indem bei kleinen Zargenhöhen ($h_Z \approx 5$ mm) die Höhe des Zugeigenspannungsmaximums niedriger ausfällt. Dadurch treten dort keine Spannungsrisse auf, wie der exemplarische Korrosionsversuch verdeutlichte. Im übrigen wurden ebenfalls tangentiale Risse unterhalb des Übergangs Bodenrundung/Zarge beobachtet.

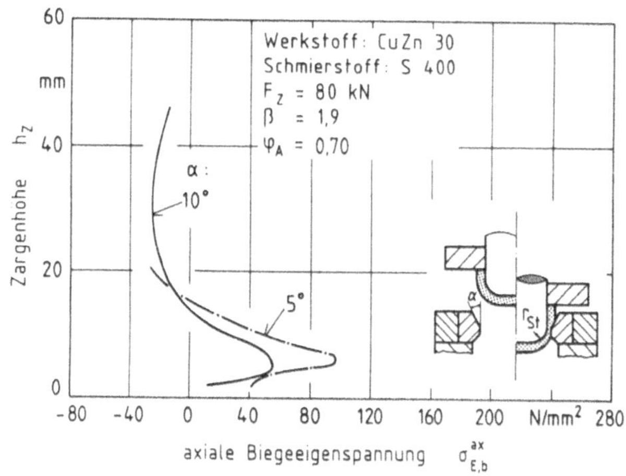

Bild 83: Axiale Biegeeigenspannungen bei verschiedenen Abstreckwinkeln α.

8.3 Einfluß des Abstreckgrades

Für die Herstellung von Werkstücken bei verschiedenen Abstreckgraden wurden unterschiedliche Druckkräfte eingehalten, um bei hohen Abstreckgraden die Umformbarkeit der Werkstücke sicherzustellen und um nicht bei kleinen Abstreckgraden ungünstige Eigenspannungszustände mit einer zu hohen Druckkraft herbeizuführen (vgl. Kap. 8.1). Dies erschwert den Einfluß des Abstreckgrades von dem der Druckkraft zu separieren.

Die tangentialen Biegeeigenspannungen (Bild 84) der untersuchten Werkstücke sind bei allen Abstreckgraden im Bereich der umgeformten Zone niedrig. Besonders der Spannungsverlauf bei dem Abstreckgrad φ_A = 1,11 läßt ein günstiges Spannungsrißkorrosionsverhalten annehmen. Bei gleicher bzw. wenig unterschiedlicher Druckkraft verschieben sich die Spannungsverläufe bei kleinen Zargenhöhen mit steigendem Abstreckgrad zu kleineren Eigenspannungswerten hin.

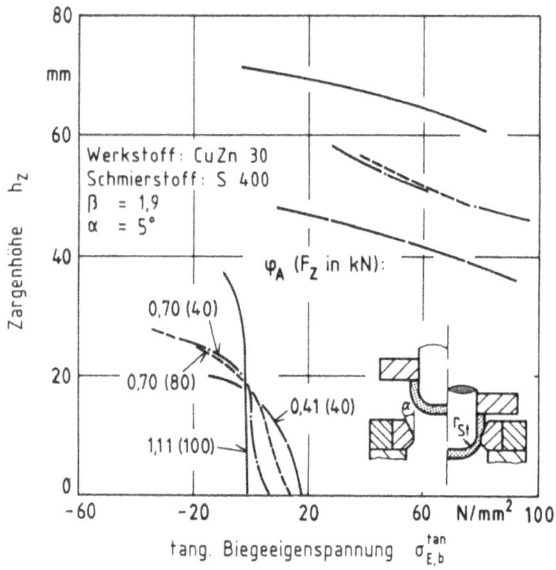

Bild 84: Tangentiale Biegeeigenspannungen bei verschiedenen Abstreckgraden φ_A.

Auf die axialen Biegeeigenspannungen wirken sich der Abstreckgrad und die Druckkraft wesentlich stärker aus (Bild 85). Die niedrigsten Eigenspannungen werden ebenfalls wieder bei dem Abstreckgrad φ_A = 1,11 unter Verwendung der höchsten Druckkraft F_Z = 100 kN erhalten. Bei der Druckkraft F_Z = 40 kN liegt der gleiche Einfluß des Abstreckgrades vor wie bei den tangentialen Biegeeigenspannungen. Das Zugspannungsmaximum der Kurvenverläufe erniedrigt sich hierbei mit steigendem Abstreckgrad deutlich.

Die Verwendung eines größeren Abstreckgrades führt bei einer zu hohen Druckkraft nicht zu einem günstigeren Eigenspannungszustand, wie aus dem Vergleich der Eigenspannungskurven bei den Parametern φ_A = 0,70 und F_Z = 80 kN bzw. φ_A = 0,41 und F_Z = 40 kN erkennbar ist. Hieraus leitet sich ebenfalls der Schluß ab, daß ein möglichst eigenspannungsarmer Zustand des Werkstückes aus einer optimalen Abstimmung von Druckkraft und Abstreckgrad resultiert.

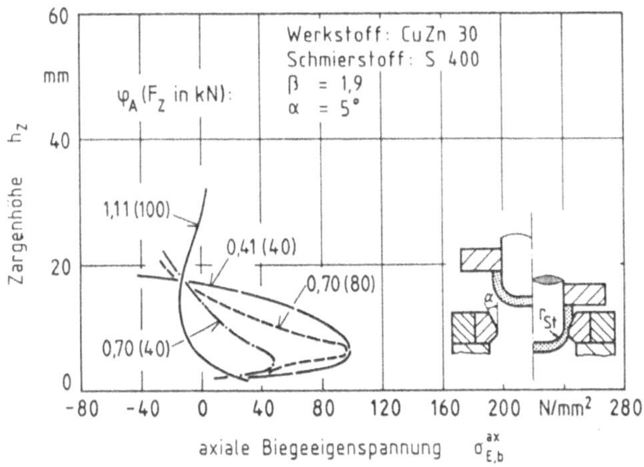

Bild 85: Axiale Biegeeigenspannungen bei verschiedenen Abstreckgraden φ_A.

In Bild 86 ist das Spannungsrißkorrosionsverhalten der beiden Werkstücke mit den günstigsten Biegeeigenspannungsverläufen dargestellt. Bei dem Abstreckgrad φ_A = 1,11 fand die Spannungsrißschädigung nur in Form von tangentialen Rissen unterhalb des Überganges Bodenrundung/Zarge (Bild 87) statt, wie bereits bei anderen Werkstückgeometrien dargestellt (Kap. 8.1). Der Bereich der umgeformten Wand war bei beiden Parametern in der Prüfzeit von keinen weiteren Risse betroffen, so daß das Korrosionsverhalten mit den gemessenen Biegeeigenspannungsverläufen, bei denen keine hohen Zugeigenspannungen beobachtet wurden, in Übereinstimmung steht.

Das Korrosionsverhalten ist für beide Werkstückgeometrien nahezu gleich bei einer Lebensdauer von über 200.000 Stunden. Das Rißwachstum im Bereich der Bodenrundung (Bild 87) wird im wesentlichen durch die herrschenden Eigenspannungen bestimmt, die wiederum von den Umformparametern abhängen. Durch das Abstreckgleitziehen wird der Werkstoff im Bereich der Rißentstehung nur geringfügig verfestigt.

Wie erwähnt, ist eine Aussage über die Abhängigkeit der Spannungsrißkorrosion vom Abstreckgrad aus den vorliegenden Ergebnissen nur unter der Gegebenheit abweichender Druckkräfte möglich. Der größere Abstreckgrad φ_A = 1,11 (F_Z = 100 kN) (Bild 86) führt gegenüber φ_A = 0,70 (F_Z = 80 kN) (vgl. Bild 81) zu

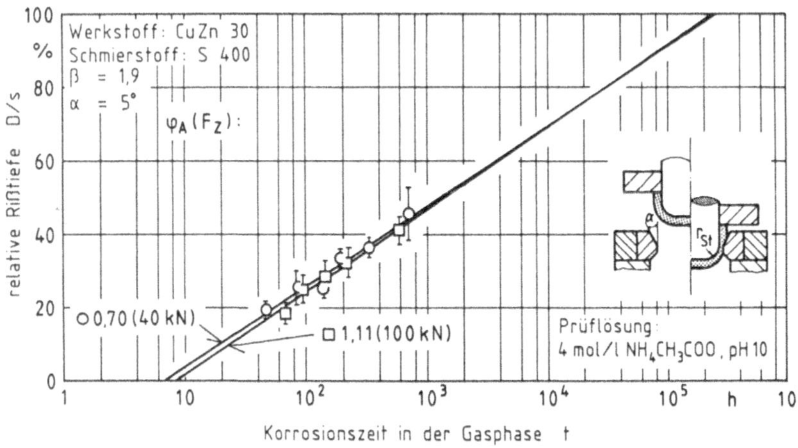

Bild 86: Spannungsrißkorrosion bei verschiedenen Abstreckgraden φ_A.

einer höheren Lebensdauer. Dies ist eine Folge des Eigenspannungszustandes der Werkstücke. Bei dem höheren Abstreckgrad sind geringere Biegeeigenspannungen in der Zarge vorhanden.

Einige Korrosionsversuche bei den Werkstücken $\varphi_A = 0{,}41$ und $F_Z = 40$ kN zeigten, daß durch das axiale Biegeeigenspannungsmaximum wie bei den Werkstücken $\varphi_A = 0{,}70$ und $F_Z = 80$ kN zusätzlich tangentiale Spannungsrisse in diesem Zargenbereich auftraten. Hier ist als Ursache wiederum eine für diesen Abstreckgrad zu hohe Druckkraft anzuführen.

8.4 Einfluß der Rohteilgeometrie

Die Verwendung von tiefgezogenen Werkstücken als Rohteile stellt eine Reihe von Umformparametern bei deren Herstellung zur Wahl. Bei einer gegebenen Geometrie des Fertigteiles sind Einflüsse von den Werkstückeigenschaften des Rohteils wie Verfestigung und Eigenspannungszustand, der Rohteilgeometrie und dem Fertigungsweg zu erwarten.

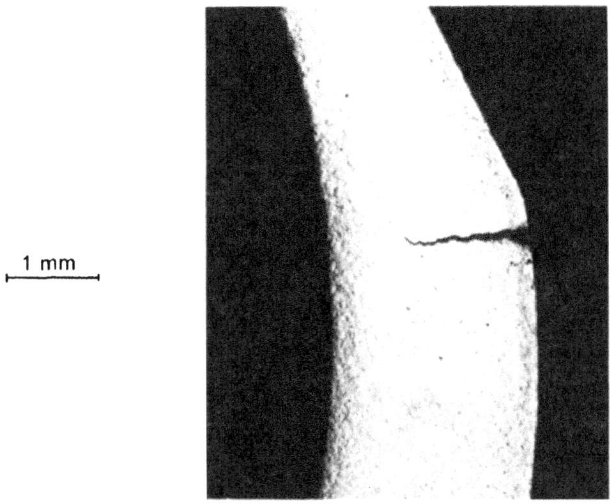

Bild 87: Tangentialer Riß am Übergang Bodenrundung/Zarge eines abstreckgleitgezogenen Werkstückes mit Druckbeaufschlagung (Querschliff).

8.4.1 Ziehverhältnis

Zur Variation des Ziehverhältnisses bei der Rohteilherstellung wurde bei φ_A = 0,70 die Druckkraft F_Z = 40 kN ausgewählt, die sich bezüglich der Werkstückeigenschaften bei diesem Abstreckgrad als günstiger wie F_Z = 80 kN herausstellte. Die tangentialen Biegeeigenspannungen für beide Ziehverhältnisse (Bild 88) sind im umgeformten Werkstückbereich sehr ähnlich und unterscheiden sich nur bezüglich der Höhe des umgeformten Bereichs. Die Kurvenverläufe besitzen nur geringe Eigenspannungen bis nahe der Umformzone. Das Abstreckgleitziehen verringert wirkungsvoll die vom Tiefziehen herrührenden, im Bereich des Flansches noch vorhandenen Eigenspannungen.

Die axialen Biegeeigenspannungsverläufe (Bild 89) sind im Bereich kleiner Zargenhöhen Zugeigenspannungen, die mit steigendem Ziehverhältnis zunehmen. Zu größeren Napfhöhen hin nehmen die axialen Biegeeigenspannungen ab und sind bedeutungslos.

Das Spannungsrißkorrosionsverhalten wird bei einer Zunahme des Ziehverhältnisses β geringfügig verschlechtert (Bild 90). Bei der Druckkraft von F_Z = 40 kN

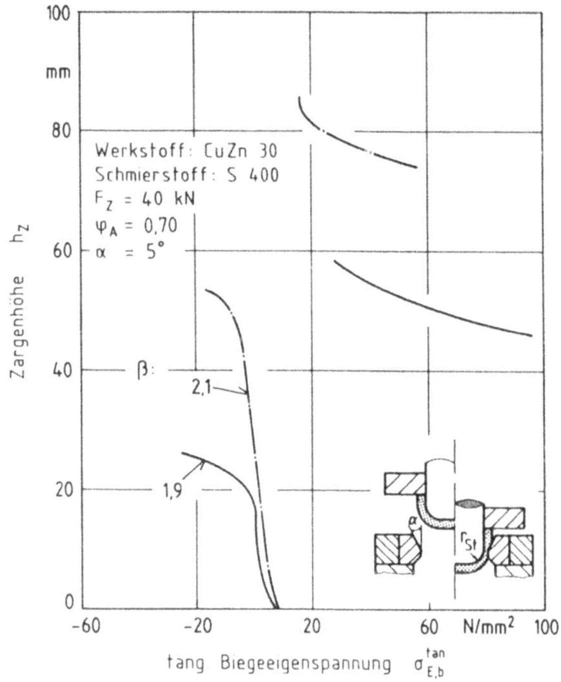

Bild 88: Tangentiale Biegeeigenspannungen bei verschiedenen Ziehverhältnissen β bei der Rohteilherstellung.

entstehen bei dem Ziehverhältnis β = 2,1 gleichfalls nur tangentiale Risse unterhalb des Übergangs Bodenrundung/Zarge. Der Einfluß des Ziehverhältnisses wirkt sich auf Unterschiede in der Geometrie und der Verfestigung der Rohteile aus, so daß geänderte Verhältnisse während dem Abstrecken zum Tragen kommen. Die etwas kürzere Anrißzeit der Werkstücke bei β = 2,1 ist auf eine höhere Verfestigung im Bereich der Bodenrundung zurückzuführen (Bild 91). Die Rißgeschwindigkeit von β = 2,1 ist im Vergleich zu β = 1,9 etwas höher und wird durch höhere axiale Zugeigenspannungen, die sich in Bild 89 durch den Anstieg des Kurvenverlaufes bei kleinen Zargenhöhen andeuten, hervorgerufen.

Der Einfluß des Ziehverhältnisses bei der Rohteilherstellung stellt sich zusammenfassend nur in einer geringen Wirkung auf das Spannungsrißkorrosionsver-

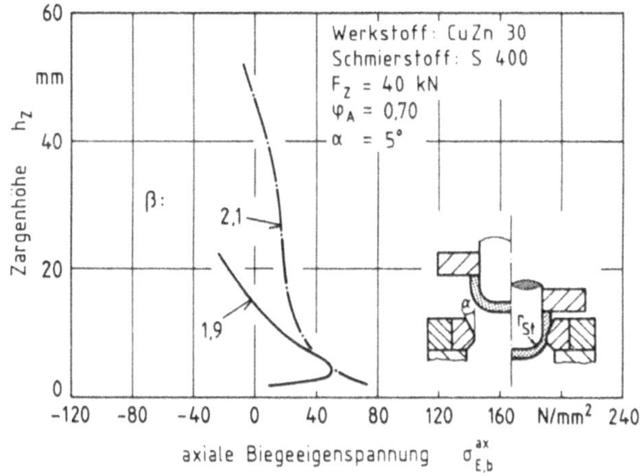

Bild 89: Axiale Biegeeigenspannungen bei verschiedenen Ziehverhältnissen β bei der Rohteilherstellung.

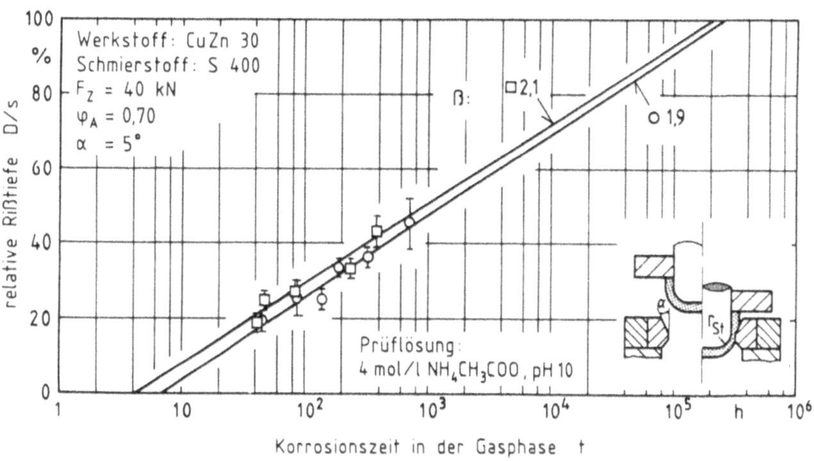

Bild 90: Spannungsrißkorrosion bei verschiedenen Ziehverhältnissen β bei der Rohteilherstellung.

halten dar. Die Lebensdauer der Werkstücke im Korrosionstest als eine wesentliche Kenngröße wird mit steigendem β geringfügig erniedrigt.

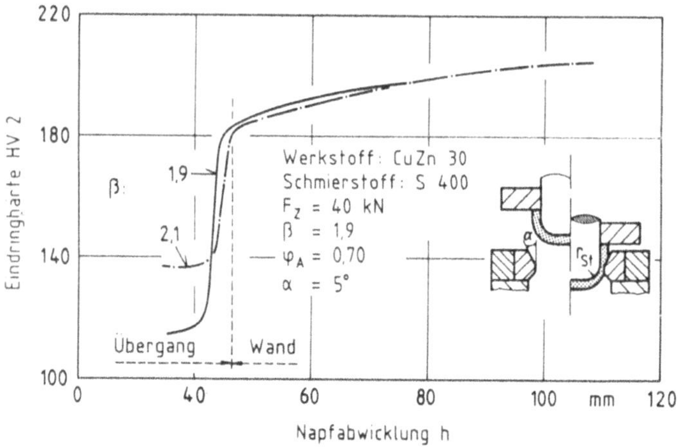

Bild 91: Härteverteilung von abstreckgleitgezogenen Werkstücken mit Druckbeaufschlagung bei verschiedenen Ziehverhältnissen bei der Rohteilherstellung.

8.4.2 Tiefziehen mit überlagertem Abstreckgleitziehen

Die Verwendung von Rohteilen, die bereits während dem Tiefziehen bei relativen Ziehspalten $u_Z/s_0 < 1{,}0$ abgestreckt wurden, kann in Hinblick auf die Herstellung von Werkstücken mit kleinen Wanddicken von Interesse sein. Hierfür wurden Rohteile bei $u_Z/s_0 = 0{,}73$ tiefgezogen und mit den Parametern $F_Z = 40$ kN, $\alpha = 15°$ und $\varphi_A = 0{,}39$ weiter umgeformt. Die Wanddicke der Werkstücke ergab sich hierdurch zu $s_2 = 1{,}5$ mm. Die Rohteile wiesen durch das überlagerte Abstrecken bei der Herstellung am Übergang Bodenrundung/Zarge einen deutlichen Absatz auf, der beim weiteren Abstreckgleitziehen stark vermindert werden mußte, um die Entnahme der Werkstücke aus dem Abstreckring ohne Deformation des Bodens zu ermöglichen. Bei den gewählten Parametern Abstreckgrad und Druckkraft war dies bei dem größeren Abstreckwinkel $\alpha = 15°$ möglich.

Die Biegeeigenspannungen, die unter Verwendung von bereits abgestreckten Rohteilen nach der Umformung in den Werkstücken vorlagen, wurden mit Werkstücken verglichen, die die gleiche Wanddicke hatten und bei gleicher Druckkraft, aber unterschiedlichem Abstreckwinkel umgeformt wurden. Bei Verwendung abstreckgleitgezogener Rohteile liegen moderate tangentiale Zugbiegeeigenspannungen (Bild 92) im umgeformten Wandbereich der fertigen Werkstücke vor, so daß im Vergleich zu Werkstücken, für die bei $u_Z/s_0 = 1{,}0$ hergestellte Rohteile verwendet wurden, die tangentiale Eigenspannungsverteilung ungünstiger ist. Als Ursache ist die mit steigendem Abstreckwinkel inhomogenere Umformung /59/ anzunehmen, wodurch höhere Eigenspannungen auftreten.

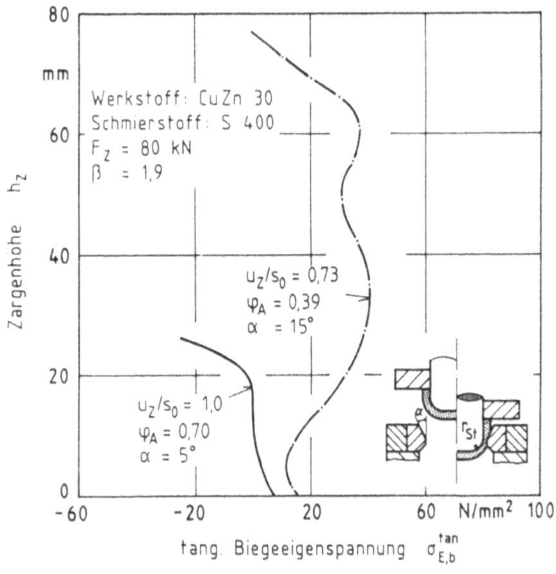

Bild 92: Tangentiale Biegeeigenspannungen bei verschiedenen relativen Ziehspalten bei der Rohteilherstellung.

Bei den axialen Biegeeigenspannungen (Bild 93) zeigt der Kurvenverlauf der Werkstücke, die ausgehend von abgestreckten Rohteilen hergestellt wurden, ebenfalls einen gleichmäßigen Verlauf über der Zargenhöhe. Trotz einer Druckkraft von $F_Z = 40$ kN, die bezogen auf den Umformgrad $\varphi_A = 0{,}39$ im Vergleich zu bereits dargestellten Ergebnissen (vgl. Kap. 8.1) relativ hoch ist, ist im Kurvenverlauf kein ausgeprägtes Zugeigenspannungsmaximum zu finden. Im Unterschied zu den tangentialen Biegeeigenspannungen werden bei größeren Zargenhöhen an der äußeren Oberfläche Druckbiegeeigenspannungen in betragsmäßig ähnlicher Höhe erhalten. Dies bedeutet, daß an der inneren Wandoberfläche entsprechend dem angenommenen Spannungsverlauf über der Wanddicke Zugbiegeeigenspannungen in gleicher Höhe vorliegen müssen.

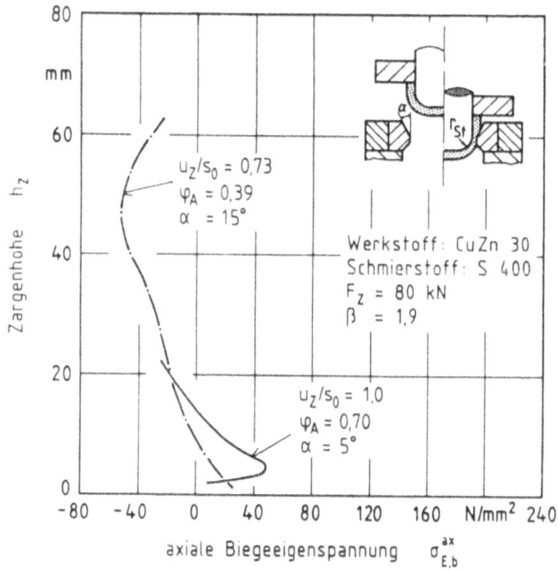

Bild 93: Axiale Biegeeigenspannungen bei verschiedenen relativen Ziehspalten bei der Rohteilherstellung.

Die Verwendung von Rohteilen, die während dem Tiefziehen bereits einen Abstreckvorgang erfahren, scheint geeignet, Werkstücke mit nicht allzu hohen Eigenspannungen mit dem Umformverfahren Abstreckgleitziehen mit druckbeaufschlagter Zarge herzustellen. Dabei ist eine optimale Abstimmung von Druckkraft und Abstreckwinkel auf die Rohteilgeometrie notwendig. Der Nachweis eines günstigen Spannungsrißkorrosionsverhaltens dieser Werkstücke ist in Korrosionsversuchen zu erbringen.

9 Vergleich der mit verschiedenen Umformverfahren erhaltenen Werkstückeigenschaften

9.1 Eigenspannungen

Die Ergebnisse der Eigenspannungsmessungen zeigen, daß aus den verschiedenen Umformverfahren bzw. Umformwegen stark unterschiedliche Biegeeigenspannungsverteilungen resultieren können. Es bestehen Möglichkeiten, günstige Eigenspannungszustände mittels geeigneter Umformbedingungen einzustellen.

Tiefziehen

Die höchsten Zugeigenspannungen wurden beim Tiefziehen mit Niederhalter bei den Werkstücken ermittelt, die mit dem relativen Ziehspalt $u_Z/s_0 = 1{,}0$ hergestellt wurden. Über der Wanddicke lagen hier Eigenspannungsverläufe vor, die einen biegespannungsartigen Charakter hatten und daher mit der Zerlegemethode als Eigenspannungsmeßverfahren gut erfaßbar waren. Die Neutronenbeugungsmessungen bestätigten in den Werkstückbereichen mit den höchsten Zugbiegeeigenspannungen, daß über der Wanddicke weitgehend ein Biegeeigenspannungszustand vorliegt. Die maximalen Zugeigenspannungen der tangentialen und axialen Biegeeigenspannungsverläufe liegen bei $u_Z/s_0 = 1{,}0$ nahe dem Napfboden und werden vom Stempelradius und dem Ziehverhältnis beeinflußt. Ausgehend von den höchsten Zugeigenspannungen bei kleinen Zargenhöhen fallen die Biegeeigenspannungsverläufe in Richtung Napfrand zu kleineren Werten ab. Die Abnahme wird durch die zunehmende Aufdickung des Flansches mit fortlaufendem Ziehweg bedingt. Hierdurch überlagert sich sogar bei $u_Z/s_0 = 1{,}0$ ein Abstreckvorgang, der die Eigenspannungen vermindert.

Die mit der Röntgenbeugung gemessenen Oberflächeneigenspannungen zeigen bei einem Vergleich mit den Biegeeigenspannungen sowohl für die tangentialen als auch für die axialen Werte keinen einfachen Zusammenhang. Die Oberfläche steht teilweise unter erheblichen Druckeigenspannungen im Gegensatz zu hohen Zugbiegeeigenspannungen, die für die äußere Oberfläche gültig sind. Bei den vorliegenden Werkstücken sind die Oberflächeneigenspannungen nicht aussagekräftig zur Abschätzung des Eigenspannungszustandes über der Bauteildicke.

Beim Tiefziehen ist der wesentliche Umformparamter zur Beeinflußung der Eigenspannungsausbildung der relative Ziehspalt. Bei $u_Z/s_0 < 1{,}0$ wird der Napfwand über der ganzen Höhe ein Abstreckvorgang überlagert. Bei $u_Z/s_0 = 0{,}6$ liegen über der Napfhöhe gleichmäßige Biegeeigenspannungsverläufe mit geringen absoluten Werten vor, wobei der Einfluß des Stempelradius und des Ziehverhältnisses nur noch gering ist. Mit abnehmendem relativen Ziehspalt unterhalb von u_Z/s_0 = 1,0 wirkt sich jedoch zunehmend der Napfboden auf den Eigenspannungszustand bei kleinen Zargenhöhen aus. Im Bereich des Übergangs von der Bodenrundung in die Zarge überlagert sich über dem Wandquerschnitt eine zugartige Kraft, die tangentiale Eigenspannungen zur Folge hat. Diese Eigenspannungen können mit der Zerlegemethode nicht erfaßt werden, da beim Abspanen der Ringe sofort ein Spannungsabbau eintritt.

Niederhalterloses Tiefziehen mit anschließendem Abstreckgleitziehen

In niederhalterlos tiefgezogenen Werkstücken sind qualitativ ähnliche Eigenspannungsverläufe wie beim Tiefziehen mit Niederhalter anzunehmen. Daher wird bei u_Z/s_0 = 1,0 bei kleinen Zargenhöhen ebenfalls ein Maximum von Zugeigenspannungen vorliegen, das aber aufgrund eines völlig ungehinderten Aufdicken des Flansches niedriger ausfallen wird. Mit der Kombination niederhalterloses Tiefziehen und Abstreckgleitziehen werden die vom Tiefziehen herrührenden Zugeigenspannungen abgebaut und ein andersartiger Eigenspannungszustand eingestellt. Dieser weist im Bereich der Bodenrundung/Zarge hohe Werte auf, die vom Napfboden herrühren und die gleiche Ursache wie beim Tiefziehen mit Niederhalter bei $u_Z/s_0 < 1,0$ haben. Die elastische Rückfederung des Napfbodens liegt nach der Umformung in Form einer Durchmesservergrößerung vor, wohingegen der Durchmesser der Zargenwand abnimmt. Bei kleinen Zargenhöhen liegen deshalb tangentiale Zugeigenspannungen vor, die mit zunehmender Entfernung vom Napfboden schnell abklingen. Die tangentialen Zugeigenspannungen konnten mit der Neutronenbeugung eindeutig nachgewiesen werden, wohingegen die Zerlegemethode diese zugspannungsartige Überlagerungen nicht richtig erfassen kann.

Mit der Neutronenbeugung konnte der Einfluß der Umformparameter Abstreckgrad und -winkel auf die tangentiale Eigenspannungsverteilung nahe dem Napfboden (h_Z = 0 mm) dargestellt werden. Ein fallender Abstreckgrad führt im Bereich nahe der Wandinnenseite zu niedrigen Zugeigenspannungen, wohingegen sich der Abstreckwinkel im untersuchten Winkelbereich nur wenig auswirkt. Die tangentialen Eigenspannungen der abstreckgleitgezogenen Werkstücke bei h_Z = 0 mm erreichen im Vergleich zu denen der tiefgezogenen Werkstücke (u_Z/s_0 = 1,0) nicht deren maximale Zugspannungswerte.

Die tangentialen Biegeeigenspannungen in den Zargenbereichen, die vom Napfboden nicht mehr beeinflußt werden, sind schwach und werden von φ_A und α nur wenig beeinflußt. In gleicher Weise wie beim Tiefziehen mit Niederhalter bei $u_Z/s_0 < 1{,}0$ sind hier die Vorteile des Abstreckgleitziehens in bezug auf einen Abbau von hohen Eigenspannungen wirksam. Die Neutronenbeugungsmessungen bei h_Z = 20 mm ergaben. etwas höhere tangentiale Zugeigenspannungen als die Zerlegemethode. Die Ursache ist die Eigenspannungsverteilung über der Wanddicke, die zur Napfwandmitte einen hohen symmetrischen Anteil mit einem nur kleinen biegespannungsartigen Charakter aufweist. Die auftretenden Zugeigenspannungen liegen im Wandinnern und werden von Bereichen mit Druckeigenspannungen umrandet.

Die Ergebnisse der röntgenographischen Eigenspannungsmessungen an der äußeren Oberfläche zeigen wie auch bei den tiefgezogenen Werkstücken mit Niederhalter, daß hohe Druckeigenspannungen in der Oberflächenschicht vorliegen. Diese Werte stimmen mit den Biegeeigenspannungswerten höchstens tendenziell überein, können aber keinen Hinweis auf die Eigenspannungsverteilung im Werkstoffinneren geben.

Abstreckgleitziehen mit druckbeaufschlagter Zargenwand

Die Überlagerung einer Druckkraft auf den Napfrand führt beim Abstreckgleitziehen zu Eigenspannungszuständen, die sich von denen herkömmlich abstreckgleitgezogener Werkstücke charakteristisch unterscheiden. Die Biegeeigenspannungsmessungen zeigen an, daß bei Wahl einer optimalen Druckkraft nur geringe axiale und tangentiale Eigenspannungen im umgeformten Zargenbereich vorliegen. Die Umformzone und der Flansch der Napfwand sind noch mit den Eigenspannungen der Rohteilherstellung behaftet und beeinflussen den Eigenspannungszustand im angrenzenden Bereich der umgeformten Zone. Mit einer geeigneten Konstruktion des Druckringes sollte es möglich sein, daß das Werkstück durchgezogen werden kann, so daß die ganze Napfwand eigenspannungsarm wird. Bei der Verwendung von Rohteilen, die bei u_Z/s_0 = 1,0 tiefgezogen wurden, wirken sich die untersuchten Parameter Druckkraft, Abstreckgrad und -winkel besonders auf die axialen Biegeeigenspannungsverläufe aus. Die tangentialen Biegeeigenspannungen werden nur in geringem Maß beeinflußt und weisen mit Ausnahme des Zargenbereiches nahe der Umformzone geringe Werte auf. Die Verwendung von bereits beim Tiefziehen abgestreckten Rohteilen führt zu leichten tangentialen Zugeigenspannungen über der ganzen umgeformten Zargenwand. Die Abstimmung der Umformparameter sollte sich deshalb an den axialen Eigenspannungen orientieren.

Die optimale Druckkraft hängt vom Abstreckgrad und -winkel ab. Mit steigendem Abstreckgrad ist eine höhere optimale Druckkraft erforderlich. Eine übermäßige Druckkraft wirkt sich nachteilig auf den axialen Biegeeigenspannungsverlauf aus, indem im Bereich kleiner Zargenhöhen höhere axiale Zugeigenspannungen auftreten.

Bei den herkömmlich und mit Druckkraft abstreckgleitgezogenen Werkstücken unterscheiden sich die Eigenspannungszustände am Übergang von der Bodenrundung zur Zarge qualitativ. Wie die Spannungsrißkorrosionsversuche anzeigen, sind bei den mit Druckkraft hergestellten Werkstücken am Übergang axiale Zugeigenspannungen von Bedeutung, wohingegen bei den abstreckgleitgezogenen Werkstücken die tangentialen Zugeigenspannungen das Spannungsrißkorrosionsverhalten bestimmen.

Die Drucküberlagerung beim Abstreckgleitziehen ermöglicht die Herstellung von Werkstücken mit einem günstigen Eigenspannungszustand bei hohen Abstreckgraden. Beim konventionellen Abstrecken sind in Hinblick auf den Eigenspannungszustand zu hohe Abstreckgrade nicht günstig. Von den drei untersuchten Umformverfahren bzw. Verfahrenskombinationen wurden mit dem drucküberlagerten Abstreckgleitziehen die eigenspannungsärmsten Werkstücke erhalten.

9.2 Spannungsrißkorrosion

Die Spannungsrißkorrosionsprüfungen verursachten bei allen getesteten Werkstücken Spannungsrisse. Dabei wurden unabhängig vom Umformverfahren und den Parametern Anrißzeiten beobachtet, die im Bereich von 6 bis 11 Stunden lagen und sich nicht erheblich unterscheiden. Die Anrißzeit wird durch einen allgemeinen Korrosionsangriff zur Anrißbildung (Mischkristall-Effekt I) bestimmt, wobei wichtige Einflußgrößen die Werkstoffzusammensetzung, die Verfestigung, der Oberflächeneigenspannungszustand und die zu überwindende Materialdicke bis zum Vorliegen von Zugeigenspannungen an der Rißspitze sind.

Die Herstellungsbedingungen wirken sich jedoch nachhaltig auf die Rißgeschwindigkeit aus, wodurch diese die Lebensdauer wesentlich bestimmt. Neben der Höhe der herrschenden Zugeigenspannung an der Rißfront wirkt sich eine höhere Verfestigung auf eine niedrigere Rißgeschwindigkeit aus. Eine hohe Verfestigung im Bauteil begünstigt daher eine hohe Lebensdauer, sofern keine hohen Umformeigenspannungen eingehandelt werden, führt aber zu einer stärkeren Neigung zur Anrißbildung.

Bei den untersuchten Umformverfahren wurde an den mit Niederhalter tiefgezogenen Werkstücken, die bei $u_Z/s_0 = 1{,}0$ hergestellt wurden, die höchste Spannungsrißkorrosionsanfälligkeit beobachtet. Hierfür sind die höchsten vorgefundenen Zugeigenspannungen verantwortlich, die sich bei diesem Ziehspalt durch das Rückbiegen am Ende der Ziehringrundung ausbilden können. Die Standzeiten lagen bei ungefähr 25 bis 35 h und waren vom Stempelradius praktisch unabhängig. Dieser Zusammenhang wurde bei zwei Ziehverhältnissen und zwei Werkstoffen beobachtet. Der Stempelradius wirkt sich jedoch auf den Ablauf der Spannungsrißkorrosion aus, indem die Anrißzeit und die Dauer für den Durchriß unterschiedlich gewichtet sind.

Die Verbesserung des Spannungsrißkorrosionsverhaltens durch überlagertes Abstrecken während dem Tiefziehen wurde bei $u_Z/s_0 = 0{,}6$ und $\beta = 1{,}6$ gezeigt. Der Abbau hoher Zugeigenspannungen hat bei diesen Werkstücken Lebensdauern von ca. 100 h zur Folge. Bei dem höheren Ziehverhältnis $\beta = 1{,}8$ führt dieser Ziehspalt jedoch zu keiner Verbesserung der Spannungsrißkorrosionsanfälligkeit gegenüber Werkstücken, die mit $u_Z/s_0 = 1{,}0$ gezogen wurden. Demnach scheint anders als nach den Ergebnissen von Gräber /4/ ein größerer Ziehspalt bei $u_Z/s_0 = 0{,}8$ günstiger zu sein.

Mit der Verfahrenskombination niederhalterloses Tiefziehen und Abstreckgleitziehen wurden Werkstücke mit im Vergleich zu tiefgezogenen Werkstücken erheblich verbessertem Spannungsrißkorrosionsverhalten erhalten. Das nachfolgende Abstreckgleitziehen führt ebenfalls zu einem Abbau von Zugeigenspannungen. Die Lebensdauern von ca.10 000 Stunden werden durch Eigenspannungszustände mit niedrigen Zugeigenspannungen, einer höheren Verfestigung und der größeren Wandstärke, die einen Einfluß auf die Diffusion der Korrosionsreagenzien hat, hervorgerufen. Im Vergleich zu den tiefgezogenen Werkstücken resultiert die ca. 100-fach höhere Lebensdauer nicht allein aus der etwa doppelten Wandstärke.

Beim Abstreckgleitziehen bewirken zu hohe Abstreckgrade ebenfalls wie beim Tiefziehen mit überlagertem Abstreckgleitziehen ein weniger günstiges Spannungsrißkorrosionsverhalten. Ein mittlerer Abstreckgrad, bei dem die vom Tiefziehen herrührenden Eigenspannungen genügend abgebaut werden, erscheint optimal. Weiterhin ist ein möglichst kleiner Abstreckwinkel zu empfehlen.

Die Werkstücke, die in dieser Untersuchung das günstigste Spannungsrißkorrosionsverhalten aufwiesen, wurden mit dem Umformverfahren Abstreckgleitziehen mit druckbeaufschlagter Zarge erhalten. Dabei lag die Lebensdauer bei größenordnungsmäßig 100.000 h. Im Unterschied zu den konventionell abstreckgleitgezogenen Werkstücken liegt am Übergang Bodenrundung/Zarge ein Eigenspannungszustand vor, bei dem die axialen Zugeigenspannungen von Bedeutung sind. Hierdurch treten tangentiale Spannungsrisse auf, deren Rißverlauf schräg zur Oberfläche verläuft.

Von den untersuchten Umformparametern hat vor allem die Höhe der Druckkraft einen Einfluß. Bei optimaler Druckkraft liegen in der umgeformten Zargenwand nur geringe Zugeigenspannungen vor, die in den Korrosionsversuchen keine Spannungsrißkorrosionsanfälligkeit hervorrufen. Eine zu hoch gewählte Druckkraft führt hingegen in der Zarge nahe dem Boden zu einem axialen Zugeigenspannungsmaximum, das zu Spannungsrissen führt und die Lebensdauer merklich erniedrigt.

Im Gegensatz zum konventionellen Abstreckgleitziehen können mit der zusätzlichen Kraftwirkung auch bei sehr hohen Umformgraden, die ohne Kraftbeaufschlagung nicht erreichbar sind, Werkstücke mit günstigem Eigenspannungszustand und Spannungsrißkorrosionsverhalten hergestellt werden.

9.3 Folgerungen für die Praxis

Die Spannungsrißkorrosionsanfälligkeit von Werkstücken aus Messing kann mit einem Prüfverfahren, in dem das Korrosionsmedium eine ammoniakhaltige Dampfatmosphäre ist, realitätsnah und reproduzierbar untersucht werden. Bei einer ausreichenden statistischen Absicherung der Prüfergebnisse kann aus dem Rißfortschritt in Abhängigkeit von der Zeit eine Lebensdauer ermittelt werden, die für Vergleiche von unterschiedlich hergestellten Werkstücken zur Auswahl besserer Herstellungsbedingungen herangezogen werden kann. Eine Abschätzung der Bauteillebensdauer unter Einsatzbedingungen ist jedoch nur mit fundierten Erfahrungswerten möglich.

Die Bestimmung von Eigenspannungen kann für ein Bauteil eine Vorhersage der Anfälligkeit für Spannungsrißkorrosion ermöglichen. Hierbei sollte der gesamte Eigenspannungszustand möglichst genau bekannt sein, was einen erheblichen Aufwand erfordert, besonders, wenn Eigenspannungen über der Bauteildicke zu ermitteln sind. Die Durchführung von Eigenspannungsmessungen nur an den spannungsrißkorrosionsempfindlichen Stellen ist daher sinnvoll, indem die kritischen Stellen am Bauteil mit einer einfachen Spannungsrißprüfung vorab ermittelt werden. Dabei wird zugleich ein Hinweis über die Lage der Hauptspannungsrichtungen erhalten.

Eine weitere Möglichkeit zur Bestimmung des vollständigen Eigenspannungszustandes eines Umformteiles ist eine Berechnung mit der Methode der Finiten-Elemente /99/.

Röntgenographische Messungen der Oberflächeneigenspannungen können beim Vorliegen von Druckeigenspannungen im Fall von Messing keine Sicherheit für eine Unempfindlichkeit gegen Spannungsrißkorrosion geben. Diese Eigenspannungen liegen in einer Oberflächenschicht bis ca. 20 μm vor und können von dem Korrosionsmedium Ammoniak überwunden werden, so daß darunterliegende Zugeigenspannungen wirksam werden. In bezug auf die Spannungsrißkorrosion sind eigenspannungsarme Werkstoffzustände günstig, oder Bereiche mit höheren Zugeigenspannungen werden von Druckeigenspannungsbereichen mit einigen Zehnteln Millimetern Dicke abgeschirmt.

Der Vergleich der untersuchten Verfahren zur Herstellung von rotationssymmetrischen Hohlkörpern weist das Abtreckgleitziehen mit Kraftbeaufschlagung als das günstigste Verfahren in bezug auf die Spannungsrißkorrosion und den damit verbundenen Eigenspannungen aus. Bei einer Werkstücklebensdauer von ca. 100.000 h in den Korrosionsversuchen ist von einer sehr geringen Anfälligkeit zur Spannungsrißkorrosion zumindest unter atmosphärischen Bedingungen auszugehen. Eine geeignete Gestaltung des Drückringes sollte das Durchziehen der Werkstücke ermöglichen, so daß in der ganzen Zargenwand geringe Eigenspannungen vorliegen und keine Neigung zur Spannungsrißkorrosion vorhanden ist. Dieses Umformverfahren ist besonders dann von Vorteil, wenn hohe Abstreckgrade, die beim konventionellen Abstrecken nicht darstellbar sind, erzielt werden sollen. Ein Eigenspannungszustand mit hohen Zugeigenspannungen muß bei geeigneter Wahl der Umformparameter nicht in Kauf genommen werden. Der wichtigste Umformparameter, der auf die Rohteilgeometrie, den Abstreckgrad und den -winkel abgestimmt werden muß, ist die Druckkraft auf den Napfrand. Dabei könnte eine Steuerung der Druckkraft während der Umformung vorteilhaft sein.

Mit der Verfahrensfolge niederhalterloses Tiefziehen und Abstreckgleitziehen können die in den tiefgezogenen Werkstücken zunächst vorliegenden Zugeigenspannungen wirkungsvoll abgebaut werden, so daß das Spannungsrißkorrosionsverhalten deutlich besser wird. Bei Lebensdauern von ca. 10.000 h in den Korrosionsversuchen sind diese Werkstücke jedoch etwas anfälliger als die mit Kraftbeaufschlagung hergestellten Werkstücke. Der rißanfällige Bereich liegt am Übergang von der Bodenrundung in die Zarge und wird durch die elastische Rückfederung des Napfbodens nach der Umformung hervorgerufen. Der Boden weitet die Zarge auf, so daß tangentiale Zugeigenspannungen vorliegen. Beim Abstrekken sollten kleine Abstreckwinkel und Abstreckgrade gewählt werden, wobei der Abstreckgrad ausreichend sein sollte, um die vom Tiefziehen herrührenden Eigenspannungen genügend abzubauen.

Die spannungsrißkorrosionsanfälligsten Werkstücke wurden beim Tiefziehen mit Niederhalter bei u_Z/s_0 = 1,0 erhalten. Bedingt durch die Größe des Ziehspaltes können sich hohe Zugeigenspannungen bei kleinen Zargenhöhen ausbilden. In den Korrosionsversuchen ergaben sich abhängig vom Ziehverhältnis Werkstücklebensdauern von 25 bzw. 32 h. Der Stempelradius wirkt sich bei u_Z/s_0 = 1,0 nicht auf die Lebensdauer aus, beeinflußt aber die Anrißzeit und die Zeit für die Spannungsrißausbreitung. Der Stempelradius sollte daher so gewählt werden, daß eine möglichst hohe Anrißzeit vorliegt und das Bauteil damit möglichst lange ohne Schädigung im Einsatz ist. Es ist anzunehmen, daß sich ein Unterschied von wenigen Stunden in den Korrosionsversuchen unter realen Bedingungen weit stärker auswirkt. Bei u_Z/s_0 = 1,0 beeinflußt der Niederhalterdruck und der Schmierstoff die Biegeeigenspannungen, so daß ein Einfluß auf die Spannungsrißkorrosion zu erwarten ist. Bei höherem Niederhalterdruck und geringerer Schmierstoffqualität stellen sich höhere maximale Zugbiegeeigenspannungen ein. Bei höherem Niederhalterdruck ist dabei der Schmierstoffeinfluß größer.

Eine wirkungsvolle Maßnahme zur Verminderung von hohen Zugeigenspannungen in tiefgezogenen Werkstücken ist die Überlagerung eines Abstreckgleitziehvorganges mit der Wahl eines relativen Ziehspaltes $u_Z/s_0 < 1{,}0$. Der Einfluß des Stempelradius auf die Biegeeigenspannungen wird dabei mit fallendem Ziehspalt zunehmend geringer. Aus den durchgeführten Spannungsrißkorrosionsversuchen bei u_Z/s_0 = 0,6 ist jedoch abzuleiten, daß ein sehr kleiner Ziehspalt nicht unbedingt von Vorteil ist. Relative Ziehspalte im Bereich von u_Z/s_0 = 0,8 sind als günstig anzusehen.

Literatur

1. Macherauch, E.; Kloos, K. H.: Bewertung von Eigenspannungen bei quasistatischer und schwingender Werkstoffbeanspruchung. Mat.-wiss. und Werkstofftech. Teil 1: 20 (1989) 1, S. 1-13; Teil 2: 20 (1989) 2, S. 53-60; Teil 3: 20 (1989) 3, S. 82-91.

2. Kloos, K. H.: Eigenspannungen, Definition und Entstehungsursachen. Z. Werkstofftech. 10 (1979) 9, S. 293-302.

3. Eigenschaften und Anwendungen wichtiger Kupferlegierungen. Metall 42 (1988) 8, S. 821-822.

4. Gräber, A.: Spannungsrißkorrosion kreiszylindrischer Näpfe aus Messinglegierungen. Blech Rohre Profile, Teil I: 33 (1986) 10, S. 376-379; Teil II: 33 (1986) 11, S. 501-504.

5. Graf, L.: Die Ursachen der Spannungskorrosion und des Lötbruchs bei Legierungen auf Kupferbasis. Metall, Teil I: 18 (1964) 11, S. 1163-1171; Teil 2: 18 (1964) 12, S. 1287-1294.

6. Kaesche, H.: Die Korrosion der Metalle. 2. Aufl. Berlin, Heidelberg, New York: Springer-Verlag 1979.

7. Metals Handbook, Mechanical Testing, Vol. 8, 9. Aufl., American Society for Metals ASM, 1985.

8. Read, T. A.; Reed, J. B.; Rosenthal, H.: The Mechanism of the Season Cracking of Brass. Symposium on Stress-Corrosion Cracking of Metals, 29.11.-1.12.1944, Philadelphia, ASTM and AIME 1945, S. 90-110.

9. Graf, L.; Wittich, W.: Bedeutung und Zustandekommen elektrochemischer Prozesse bei der Spannungskorrosion homogener, nicht ausscheidungsfähiger Mischkristalle. Z. Metallk. 56 (1965) 6, S. 380-384.

10. Messing, Eigenschaften - Verarbeitung - Verwendung. Hrsg.: Deutsches Kupfer-Institut e.V DKI, 2. Aufl. 1956.

11. Gouda, V. K.; El-Sayed, H. A.; Sherbini, G. M.: Effect of pH on the Stress Corrosion Cracking of α-Brass in Chlorate Solution. Br. Corros. J., 18 (1983) 1, S. 40-46.

12. Parkins, R. N.; Holroyd, N. J. H.: Stress Corrosion Cracking of 70/30 Brass in Acetate, Formate, Tartrate, and Hydroxide Solutions. Corrosion 38 (1982) 5, S. 245-255.

13. Lacour, H. R.: Ein Beitrag zur Spannungskorrosion homogener, bei Zimmertemperatur nicht ausscheidungsfähiger Nichteisenmetalle. Diss. TH Stuttgart 1960.

14. Graf, L.; Klatte, H.: Zum Problem der Spannungskorrosion homogener Mischkristalle, IV. Das Festigkeitsverhalten von Kupfer-Gold- und Kupfer-Zink-Mischkristallen unter Einwirkung von Quecksilber und chemischen Agenzien. Z. Metallk. 46 (1955) 8, S. 673-680.

15. Graf, L.; Humphrey, O. K. A.: Untersuchung der Spannungsrißkorrosionsempfindlichkeit von Ein- und Vielkristallen aus Messing und Kupfer-Gold-Legierungen. Z. Metallk. 64 (1973) 5, S. 365-371.

16. Aebi, F.: Untersuchungen über die Spannungskorrosion von Alpha-Messing in Ammoniakdampf, II. Zur Kinetik der Rißbildung. Z. Metallk. 47 (1956) 6, S. 421-426.

17. Hellsing, S.; Lissner, O.; Rask, S.; Ström, B.: Verschiedene Spannungskorrosionsprüfverfahren für Messingteile verglichen mit einer Langzeitlagerung. Werkst. Korros. 8 (1957) 10, S. 569-573.

18. Graf, L.; Lacour, H. R.: Zum Problem der Spannungskorrosion homogener Mischkristalle, VII. Untersuchung des zeitlichen Ablaufes der Spannungskorrosion. Z. Metallk. 53 (1962) 12, S. 764-768.

19. Graf, L.; Lacour, H. R.: Zum Problem der Spannungskorrosion homogener Mischkristalle, V. Die Ursachen der Spannungskorrosion bei Messing. Z. Metallk. 51 (1960) 3, S.152-159.

20. Aebi, F.: Untersuchungen über die Spannungskorrosion von Alpha-Messing in Ammoniakdampf, I. Statistische Untersuchungen über den Einfluß des Gefü-

gezustandes auf die Lebensdauer von Ringproben Z. Metallk. 46 (1955) 8, S. 547-551.

21. Edmunds, G.: Season Cracking of Brass. Symposium on Stress-Corrosion Cracking of Metals, 29.11.-1.12.1944, Philadelphia, ASTM and AIME 1945, S. 67-89.

22. Erdmann-Jesnitzer, F.; Kaeslingk, N.: Die Abhängigkeit der Spannungskorrosionsanfälligkeit vom Werkstoffzustand bei homogenen Kupfer-Zink-Legierungen. Diskussionstagung "Spannungsrißkorrosion" der Europäischen Föderation Korrosion, Frankfurt/Main, 25./26. 4. 1968, S. 85-91.

23. Erdmann-Jesnitzer, F.; Kaeslingk, N.: Die Abhängigkeit der Spannungskorrosionsanfälligkeit vom Werkstoffzustand bei homogenen Kupfer-Zink-Legierungen. Werkst. Korros. 20 (1969) 6, S. 493-507.

24. Kamath, K. V.: Spannungsrißkorrosion von α-Messing. Freiberger Forschungsberichte B 56 Metallkunde. Berlin: Akademie-Verlag 1961.

25. Kamath, K. V.; Erdmann-Jesnitzer, F.: Spannungskorrosion von Alpha-Messing. Metall 14 (1960) 11, S. 1061-1072.

26. Wieland - Buch: Kupferwerkstoffe, Herstellung, Verarbeitung und Eigenschaften. Wieland - Werke AG Metallwerke Ulm, 4. Aufl. 1978.

27. Wendler-Kalsch, E.: Stand der Erkenntnisse auf dem Gebiet der klassischen Spannungsrißkorrosion. Werkst. Korros. 29 (1978), S. 703-720.

28. Ohnishi, T.; Nakatani, Y.: Effect of Hydrogen on Stress Corrosion Cracking of α Brasses in Ammonia Vapor. Trans. Jpn. Inst. Met. 21 (1980) 12, S. 797-804.

29. Wassermann, G.: Über die Spannungs- und Temperaturabhängigkeit der Spannungskorrosion. Z. Metallk. 39 (1948), S. 66-71.

30. Heinzel, H; Rothenbacher, R; Engell, H.-J.: Die Ausbreitung von Rissen bei der Spannungsrißkorrosion von gekerbten Messingproben unter Biegespannungen. Z. Metallk. 61 (1970) 7, S. 511-518.

31. Engell; H.-J.; Speidel, M. O.: Ursachen und Mechanismen der Spannungsrißkorrosion. Werkst. Korros. 20 (1969) 4, S. 281-300.

32. Wawra, H.: Optimale Blecheigenschaften durch bessere Wahl der Parameter von Umformen und Glühen. Blech Rohre Profile 22 (1975) 5, S. 176-183.

33. Wawra, H.: Verarbeitung von Messingblechen unter dem Gesichtspunkt hoher Spannungsrißkorrosionsbeständigkeit. Blech Rohre Profile 19 (1972) 11, S. 591-593.

34. Yamane, T.: Hirao, K.; Yoshimoto, K.; Oka, T.; Takeda, Y.: Weibull's Distribution of Time to Stress Corrosion Cracking of CuZn Alloys. Z. Metallk. 74 (1983) 9, S. 603-606.

35. Laub, H.: Spannungskorrosionsversuche an ungeschütztem Messing Ms 63 mit verschiedener Kaltverformung. Metall 20 (1966) 11, S. 1174-1180.

36. Peiter, A.: Eigenspannungen I. Art. Ermittlung und Bewertung. Düsseldorf: Triltsch-Verlag 1966.

37. Peiter, A.: Spannungsmeßpraxis, Ermittlung von Last - und Eigenspannungen. Braunschweig, Wiesbaden: Verlag Vieweg & Sohn 1986.

38. Keeler, St. P.: Determination of Forming Limits in Automotive Stamping. Sheet Met. Ind. 42 (1965), S. 683-691.

39. Keeler, St. P.: Circular Grid System - A Valuable Aid for Evaluation Sheet-Metal Formability. Sheet Met. Ind. 45 (1968), S. 644-634; 636-641.

40. Goodwin, G. M.: Application of Strain Analysis to Sheet-Metal-Forming Problems in the Press Shop. La Metall. Ital. 60 (1968), S. 767-776.

41. Abschlußbericht zu dem von der Stiftung Volkswagenwerk geförderten Forschungsvorhaben I/38 848: Spannungsrißkorrosion umgeformter CuZn-Legierungen.

42. Macherauch, E.; Wohlfahrt, H.; Wolfstieg, U.: Zur zweckmäßigen Definition von Eigenspannungen. Härterei-Tech. Mitt. 28 (1973) 3, S. 201-211.

43. Siebel, E.; Mühlhäuser, W.: Eigenspannungen beim Tiefziehen. Mitt. Forschungsgesellschaft Blechverarbeitung, Nov. 1954, Nr. 21, S. 241-244.

44. Siebel, E.; Kotthaus, H.: Untersuchung über den Einfluß der Ziehspaltweite auf den Formänderungsverlauf und die Eigenspannungen beim Tiefziehen. Mitt. Forschungsgesellschaft Blechverarbeitung (1954) 8, S. 85-89.

45. Saito, K.; Shimahashi, Y.: Residual Stresses in Deep Drawn Cups and Sunk Tubes. In: IUTAM Symposium Metal Forming Plasticity, Tutzing, 28.8-3.9.1978. Berlin, Heidelberg, New York: Springer-Verlag 1979.

46. Herold, U.: Bestimmung des Eigenspannungszustandes herkömmlich und hydromechanisch tiefgezogener Werkstücke. Ind. Anz. 103 (1981) 77, S. 22-23.

47. v. Finckenstein, E.; Herold, U.: Vergleichende Eigenspannungsmessungen und -berechnungen an Tiefziehteilen. Blech Rohre Profile 29 (1982) 3, S. 108-112.

48. v. Finckenstein, E.; Herold, U.: Ermittlung von Umform-Eigenspannungen an blechförmigen Werkstücken. Blech Rohre Profile 29 (1982) 10, S. 401-406.

49. Herold, U.; Preckel, U.: Eigenspannungen erster Art an Tiefziehteilen ermitteln. Bänder Bleche Rohre (1984) 4, S. 96-98.

50. Lange, K.; Gräber, A.: Effect of Deep Drawing Conditions on Residual Stresses and Stress Corrosion Cracking of Sheet Metal. In: NAMRC XIV, North American Manufacturing Research Conference Proceedings. Dearborn, Michigan: SME 1986, S. 437-444.

51. Sachs, G.; Espey, G.; Clark, S. M.: Factors Influencing the Stress Cracking of Brass Cartridge Cases. Symposium on Stress-Corrosion Cracking of Metals, 29.11.-1.12.1944, Philadelphia, ASTM and AIME 1945, S. 209-229.

52. Murdza, N. H.: Investigation of longitudinal Body Splits in Caliber 0.30 Cartridge Cases. Frankford Arsenal, Rep. No. 15 (1934).

53. Astrop, A. W.: Deep Drawing and Ironing Tubular Components. Mach. Prod. Eng. 129 (1976) 3337, S. 583-587.

54. Böhm, E.: Übersicht der Zieh-Preß-Verfahren mit mehreren krafteinleitenden, formsteifen Werkzeugelementen. Blech Rohre Profile Teil 1: 33 (1986) 1, S. 14-16; Teil 2: 33 (1986) 2, S. 53-56.

55. Frobin, R.: Anwendungsgrenzen und Vorteile des Tiefziehens ohne Niederhalter. Umformtechnik 11 (1977) 2, S. 10-16.

56. Ruchel, P.: CuZn 37 MDS - ein altes Messing mit neuer Kondition. Metall 43 (1989) 1, S. 35-39.

57. Kögel, H.; Igel, H.: Niederhalterloses Tiefziehen von rotationssymmetrischen Werkstücken mit und ohne Flansch. Maschinenmarkt 94 (1988) 19, S. 26-30.

58. Hamann, R.: Abstreckgleitziehen tiefgezogener Näpfe. Ind.-Anz. 111 (1989) 77, S. 38-39, (WGP-Kurzbericht Nr. 89/75).

59. Busch, R. K.: Untersuchungen über das Abstreckziehen von zylindrischen Hohlkörpern bei Raumtemperatur. Berichte aus dem Institut für Umformtechnik der Universität Stuttgart Nr. 10. Essen: Girardet 1969.

60. Schelosky, H.: Das Abstreckziehen von Näpfen. Blech Rohre Profile 17 (1970) 12, S. 13-15.

61. Nagel, H.-G.; Wolf, H.: Einfluß der Werkzeuggeometrie auf die Verfahrensgrenze beim Abstreckgleitziehen. Umformtechnik 16 (1982) 3, S. 7-12.

62. Wolf, H.; Nagel, H.-G.: Ein Beitrag zum Abstreckgleitziehen von Feinblechen. Umformtechnik 20 (1986) 2, S. 52-60.

63. Shawki, G. S. A.: Optimum Designe of Ironing Dies. Sheet Met. Ind. 47 (1970) 9, S. 855-863.

64. Shawki, G. S. A.: An experimental Study of Cup Ironing. Acta Technica CSAV 13 (1968) 5, S. 605-623.

65. Lange, K.: Umformtechnik, Handbuch für Industrie und Wissenschaft, Band 1: Grundlagen. 2. Aufl. Berlin, Heidelberg, New York, Tokyo: Springer-Verlag 1984.

66. Gräbener, T.: Entwicklung und Anwendung neuer Schmierstoffprüfverfahren für die Kaltmassivumformung. Berichte aus dem Institut für Umformtechnik der Universität Stuttgart Nr. 71. Berlin, Heidelberg, New York, Tokyo: Springer-Verlag 1983.

67. Gräbener, T.: Entwicklung und Anwendung neuer Schmierstoffprüfverfahren. wt - Zeitschrift für ind. Fertigung 73 (1983) 9, S. 589-592.

68. Chiarodo, R. A.; Spain, I. L.; Bolsaitis, P.: Elastic Constants and their Pressure Derivatives of α-Brass Single Crystals. J. Phys. Chem. Solids 35 (1974), S. 762-764.

69. Köster, W.: Über die Konzentrations- und Temperaturabhängigkeit des Elastizitätsmoduls der Legierungen des Kupfers, Silbers und Goldes mit Zink und Kadmium sowie des Kupfers mit Gold, Palladium und Platin. Z. Metallk. 32 (1940) 6, S. 160-162.

70. Köster, W.; Rosenthal, K.: Die Änderung von Elastizitätsmodul und Dämpfung bei der Verformung und Rekristallisation von Messing. Z. Metallk. 30 (1938) 9, S. 345-348.

71. Macherauch, E.; Müller, P.: Das $\sin^2\psi$ - Verfahren der röntgenographischen Spannungsmessung. Z. f. angew. Physik 13 (1961) 7, S. 305-312.

72. Pintschovius, L.; Hauk, V.; Krug, W. K.: Neutron Diffraction of the Residual Stress State of a Cold-rolled Steel Strip. Mater. Sci. Eng. 92 (1987), S. 1-12.

73. Pintschovius, L.; Jung, V.; Macherauch, E.; Schäfer, R.; Vöhringer, O.: Determination of Residual Stress Distributions in the Interior of technical Parts by Means of Neutron Diffraction. In E. Kula und V. Weiss (eds.), Residual Stress and Stress Relaxation, Plenum, New York, 1982, S. 467-482.

74. Pintschovius, L.; Jung, V.; Macherauch, E.; Vöhringer, O.: Residual Stress Measurements by Means of Neutron Diffraction. Mater. Sci. Eng. 61 (1983), S. 43-50.

75. Neff, H.: Grundlagen und Anwendung der Röntgen - Feinstruktur - Analyse. 2. Aufl., Verlag Oldenburg München 1962.

76. Hauk, V.; Wolfstieg, U.: Röntgenographische Elastizitätskonstanten, REK. Härterei-Tech. Mitt. 31 (1976) 1/2, S. 38-42.

77. Hauk, V.: Röntgenographische Elastizitätskonstanten (REK). In: HTM-Beiheft: Eigenspannungen und Lastspannungen. München, Wien: Carl Hanser Verlag 1982, S. 49-57.

78. Kröner, E.: Berechnung der elastischen Konstanten des Vielkristalls aus den Konstanten des Einkristalls. Z. Phys. 151 (1958), S. 504-518.

79. Bollenrath, F.; Hauk, V.: Neuere Arbeiten zur röntgenographischen Ermittlung von Spannungen und von Eigenverformungen. J. Soc. Mat. Sci. Japan 15 (1966), S. 838-844.

80. Bollenrath, F.; Hauk, V.; Müller, E. H.: Zur Berechnung der vielkristallinen Elastizitätskonstanten aus den Werten der Einkristalle. Z. Metallk. 58 (1967) 1, S. 76-82.

81. Allen, A.; Andreani, C.; Hutchings, M. T.; Windsor, C. G.: Measurement of Internal Stress within Bulk Materials using Neutron Diffraction. NDT Int. 14 (1981) Okt., S. 249-254.

82. Schmank, M. J.; Krawitz, A. D.: Measurement of a Stress Gradient through the Bulk of an Aluminium Alloy using Neutrons. Metall. Trans. A, 13A (1982) 6, S. 1069-1076.

83. Krawitz, A. D.; Brune, J. E.; Schmank, M. J.: Measurements of Stress in the Interior of Solids with Neutrons. In E. Kula und V. Weiss (eds.) Residual Stress and Stress Relaxation, Plenum, New York, 1982, S. 139-155.

84. Allen, A. J.; Hutchings, M. T.; Windsor, C. G.; Andreani, C.: Neutron Diffraction Methods for the Study of Residual Stress Fields. Adv. Phys. 34 (1985) 4, S. 445-473.

85. Stacey, A.; MacGillivary, H. J.; Webster, G. A.; Webster, P. J.; Ziebeck, K. R. A.: Measurement of Residual Stresses by Neutron Diffraction. J. Strain Analysis 20 (1985) 2, S. 93-100.

86. Schmith, D. J.; Leggatt, R. H.; Webster, G. A.; MacGillivary, H. J.; Webster, P. J.; Mills, G.: Neutron Diffraction Measurements of Residual Stress and Plastic Deformation in an Aluminium Alloy Weld. J. Strain Analysis, 23 (1988) 4, S. 201-211.

87. Hauk, V.; Macherauch, E.: Die zweckmäßige Durchführung röntgenographischer Spannungsermittlungen. In: HTM-Beiheft: Eigenspannungen und Lastspannungen. München, Wien: Carl Hanser Verlag 1982, S. 1-19.

88. Noyan, I. C.; Cohen, J. B.: Residual Stress. New York, Berlin, Heidelberg, London, Paris, Tokyo: Springer-Verlag 1987.

89. Aebi, F.: Untersuchungen über die Spannungskorrosion von Alpha-Messing in Ammoniakdampf, III. Eine Ammoniakmethode zur Prüfung von Messinggegenständen auf Spannungsrißempfindlichkeit. Z. Metallk. 49 (1958) 2, S. 63-68.

90. Graf, L.: Was spricht gegen das Aufreißen von Deckschichten und gegen eine Versprödung als Ursache der Spannungsrißkorrosion? Z. Metallk. 66 (1975) 12, S. 749-753.

91. Baumann, G.: Zerstörung von Messingrohren durch Spannungskorrosion. Brown Boveri Mitteilungen 49 (1962) 7/8, S. 323-328.

92. Szabo, E.: Spannungskorrosionsversuche an Kondensatorrohren. Brown Boveri Mitteilungen 49 (1962) 7/8, S. 329-340.

93. Keil, A.: Können galvanische Edelmetallüberzüge die Spannungskorrosion bei Messing verhindern? Galvanotechnik 53 (1962) 2, S. 95-96.

94. Hewat, A. W.; Bailey, I.: D1A, a high Resolution Neutron Powder Diffractometer with a Bank of Mylar Collimators. Nucl. Instrum. Methods. 137 (1976), S. 463-471.

95. Hauk, V.; Nikolin, H.-J.: Berechnete und gemessene Gitterdehnungsverteilungen sowie Elastizitätskonstanten eines texturierten Stahlbandes. Z. Metallk. 80 (1989) 12, S. 862-872.

96. Baron, U. H.; Hauk, V.: Röntgenographische Ermittlung der Eigenspannungen in Kristallitgruppen von fasertexturierten Werkstoffen. Z. Metallk. 70 (1988) 2, S. 127-131.

97. Hauk, V.; Kockelmann, H.: Gitterdehnungsverteilungen plastisch verformter Proben aus reinem und silberlegiertem Kupfer. Z. Metallk. 71 (1980) 5, S. 303-308.

98. Klemm, H.: Zur Orientierungsbestimmung der Kristalle bei Kupfer, Bronze und Messing durch die Schraffur. Metall 10 (1956) 23/24, S. 1117-1125.

99. Tekkaya, A. E.: Ermittlung von Eigenspannungen in der Kaltmassivumformung. Berichte aus dem Institut für Umformtechnik der Universität Stuttgart. Nr 83. Berlin, Heidelberg, New York, Tokyo: Springer-Verlag 1986.

Tabelle A1: Chemische Zusammensetzungen der Messingwerkstoffe nach DIN 17 660 (alle Angaben in Gew.-%).

Werkstoff	Cu	Al	Fe	Mn	Ni	Pb	Sb	Sn	Rest
CuZn 30	69,0-71,0	0,02	0,05	0,05	0,2	0,05	0,01	0,05	Zn
CuZn 37	62,0-64,0	0,03	0,1	0,1	0,3	0,1	0,01	0,1	Zn

Tabelle A2: Mechanische Kennwerte der Versuchswerkstoffe.

Werkstoff	Winkel zur Walzrichtung	Dehngrenze [N/mm²]		Zugfestigkeit [N/mm²]		Bruchdehnung [%]		senkrechte Anisotropie		Verfestigungs-exponent	
		$R_{p0,2}$	$\pm \Delta R_{p0,2}$	R_m	$\pm \Delta R_m$	A_{80}	$\pm \Delta A_{80}$	r	$\pm \Delta r$	n	$\pm \Delta n$
CuZn 30 1,0 mm	0°	136	5	350	15	57,3	4,4	0,77	0,01	0,52	0,02
	45°	141	4	329	3	62,1	11,3	1,08	0,09	0,52	0,01
	90°	141	5	343	4	56,5	14,8	0,90	0,02	0,52	0,01
CuZn 30 3,0 mm	0°	123	4	342	3	63,9	2,6	0,96	0,03	0,51	0,01
	45°	123	4	335	2	63,2	12,2	1,05	0,01	0,51	0,01
	90°	125	2	340	7	65,8	6,3	1,03	0,04	0,51	0,01
CuZn 37 1,0 mm	0°	131	29	366	40	56,5	6,8	0,93	0,23	0,48	0,01
	45°	121	3	345	1	62,2	11,6	0,99	0,03	0,47	0,01
	90°	127	6	353	2	57,3	11,8	0,92	0,01	0,48	0,01

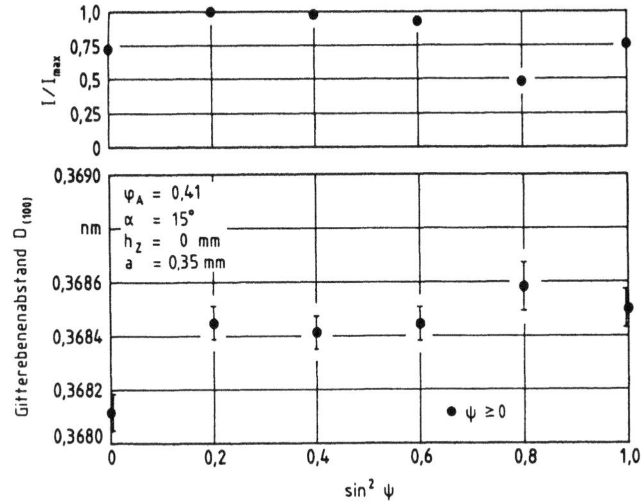

Bild A1: D,$\sin^2\psi$ - Verteilung und relative Intensitäten I/I_{max}
(φ_A = 0,41; α = 15°; h_Z = 0 mm; a = 0,35 mm).

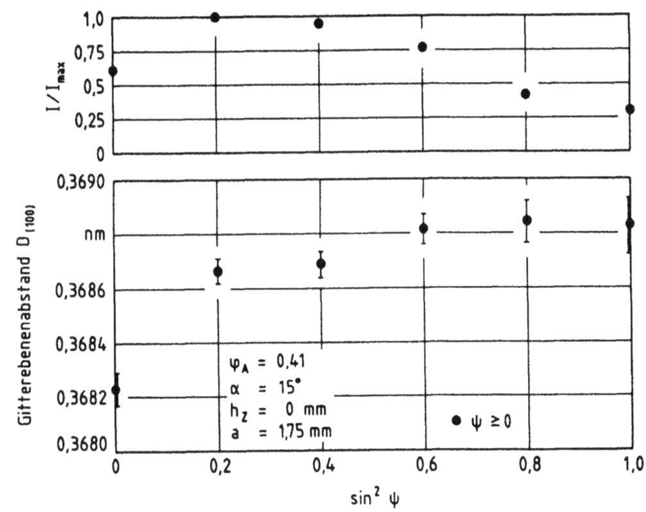

Bild A2: D,$\sin^2\psi$ - Verteilung und relative Intensitäten I/I_{max}
(φ_A = 0,41; α = 15°; h_Z = 0 mm; a = 1,75 mm).

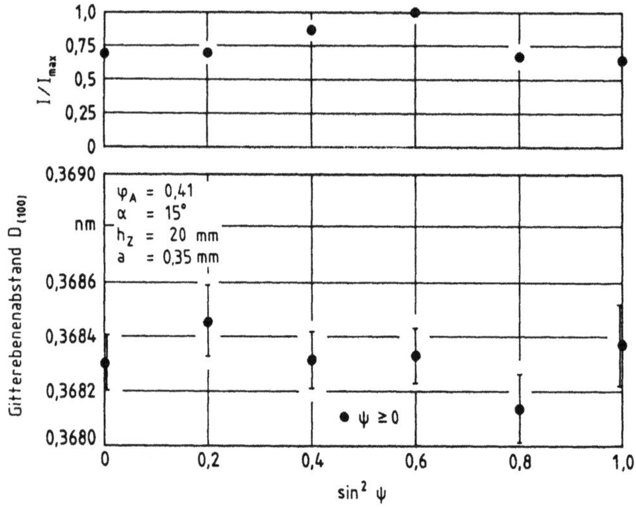

Bild A3: D,sin$^2\psi$ - Verteilung und relative Intensitäten I/I_{max} (φ_A = 0,41; α = 15°; h_Z = 20 mm; a = 0,35 mm).

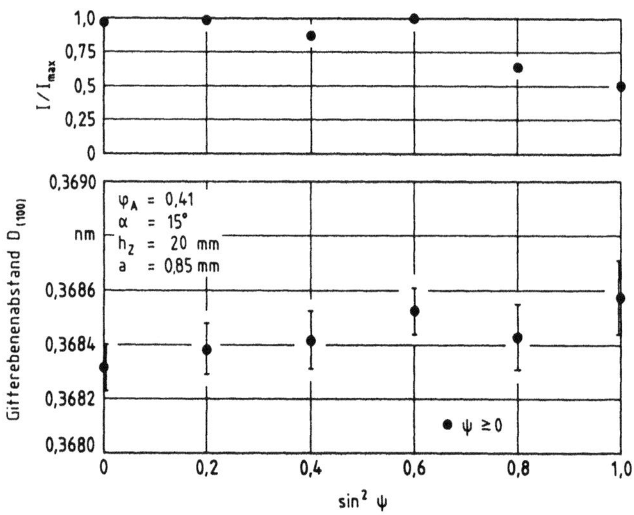

Bild A4: D,sin$^2\psi$ - Verteilung und relative Intensitäten I/I_{max} (φ_A = 0,41; α = 15°; h_Z = 20 mm; a = 0,85 mm).

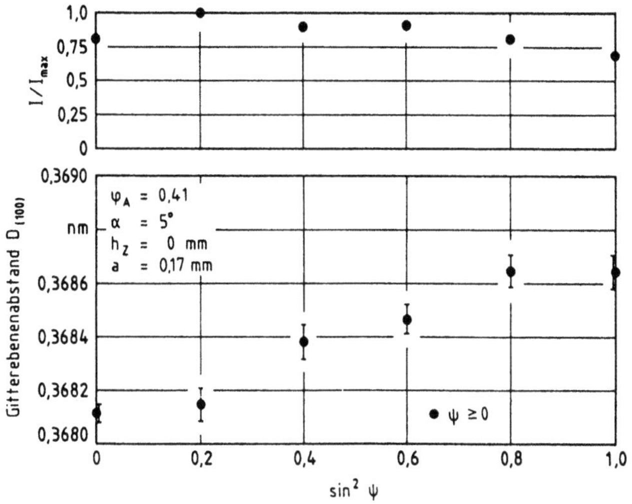

Bild A5: D,$\sin^2\psi$ - Verteilung und relative Intensitäten I/I_{max}
(φ_A = 0,41; α = 5°; h_Z = 0 mm; a = 0,17 mm).

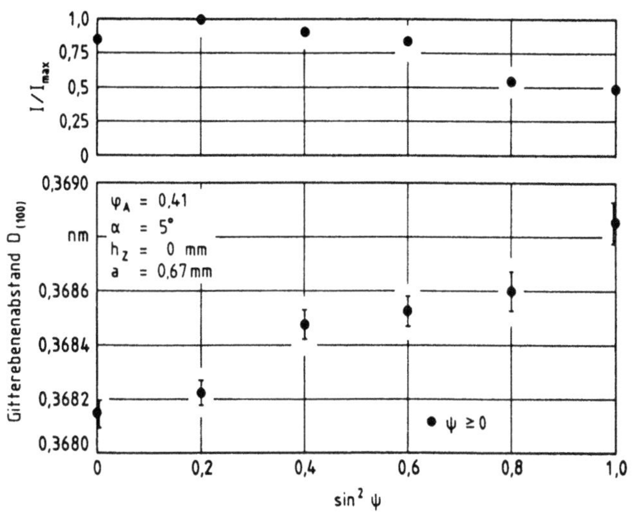

Bild A6: D,$\sin^2\psi$ - Verteilung und relative Intensitäten I/I_{max}
(φ_A = 0,41; α = 5°; h_Z = 0 mm; a = 0,67 mm).

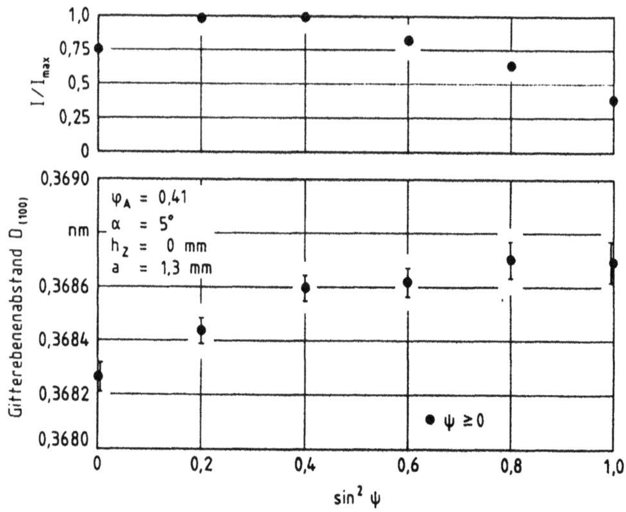

Bild A7: D,sin$^2\psi$ - Verteilung und relative Intensitäten I/I_{max} (φ_A = 0,41; α = 5°; h_Z = 0 mm; a = 1,3 mm).

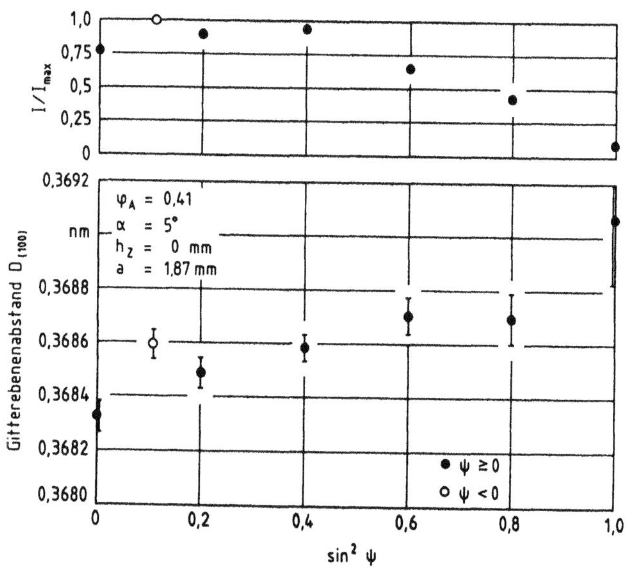

Bild A8: D,sin$^2\psi$ - Verteilung und relative Intensitäten I/I_{max} (φ_A = 0,41; α = 5°; h_Z = 0 mm; a = 1,87 mm).

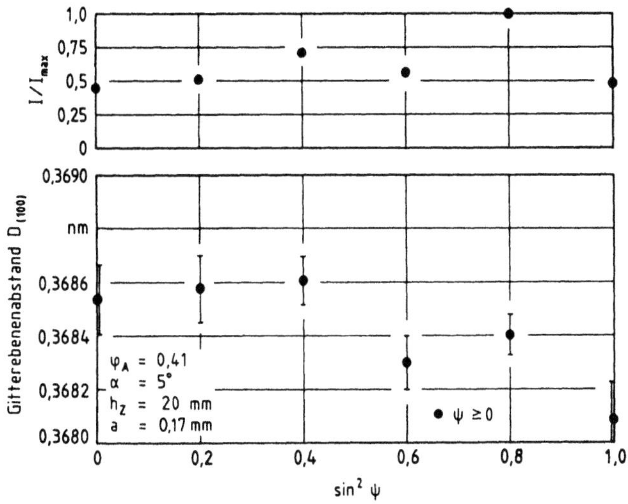

Bild A9: D,$\sin^2\psi$ - Verteilung und relative Intensitäten I/I_{max} (φ_A = 0,41; α = 5°; h_Z = 20 mm; a = 0,17 mm).

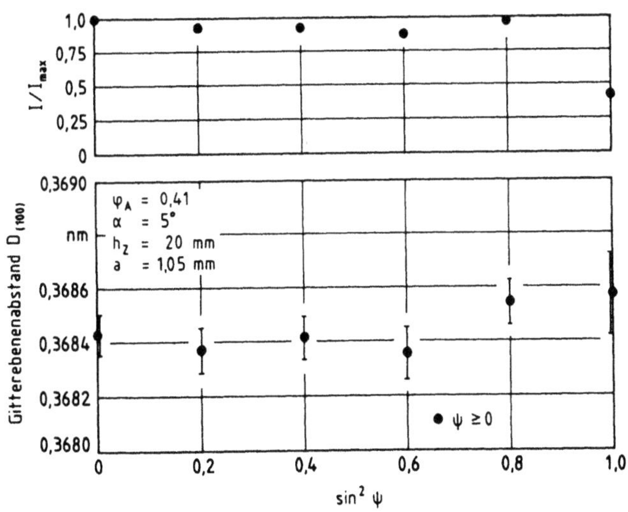

Bild A10: D,$\sin^2\psi$ - Verteilung und relative Intensitäten I/I_{max} (φ_A = 0,41; α = 5°; h_Z = 20 mm; a = 1,05 mm).

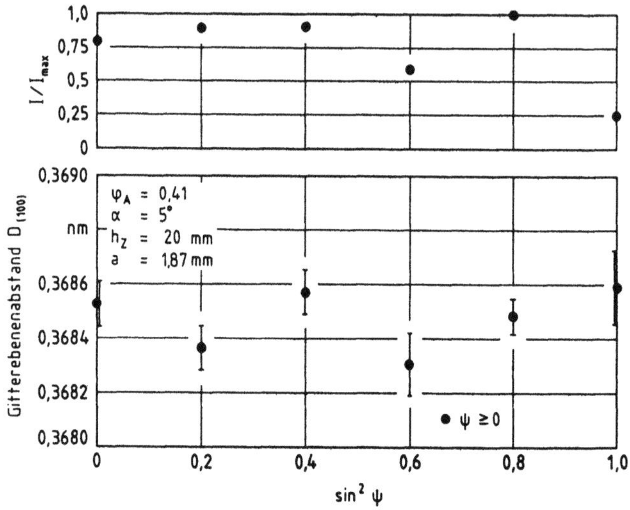

Bild A11: D,$\sin^2\psi$ - Verteilung und relative Intensitäten I/I_{max} (φ_A = 0,41; α = 5°; h_Z = 20 mm; a = 1,87 mm).

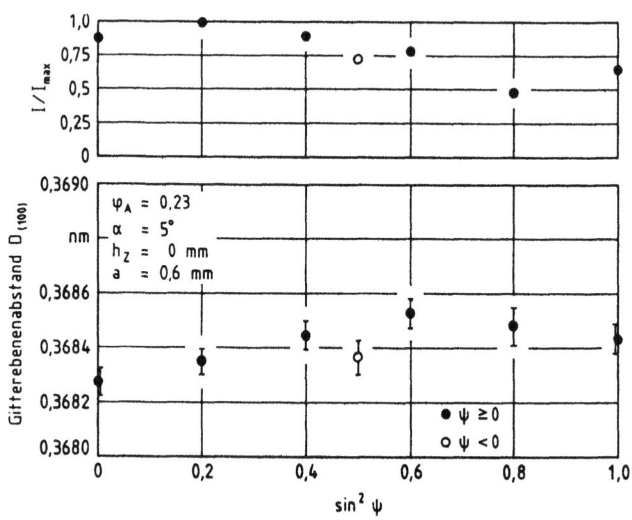

Bild A12: D,$\sin^2\psi$ - Verteilung und relative Intensitäten I/I_{max} (φ_A = 0,23; α = 5°; h_Z = 0 mm; a = 0,6 mm).

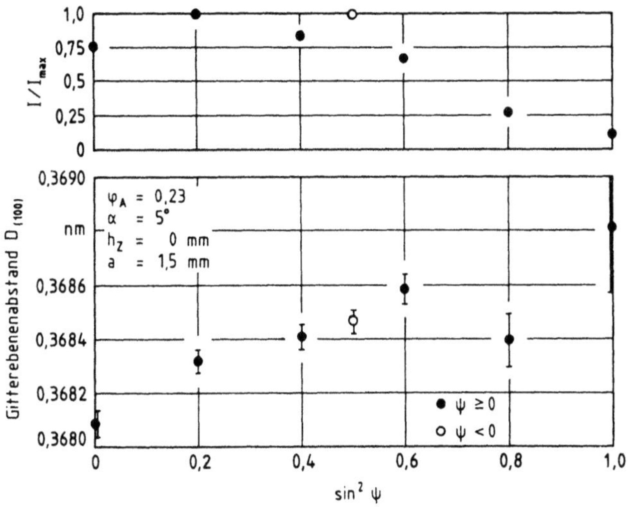

Bild A13: D,$\sin^2\psi$ - Verteilung und relative Intensitäten I/I_{max}
(φ_A = 0,23; α = 5°; h_Z = 0 mm; a = 1,5 mm).

Berichte aus dem Institut für Umformtechnik der Universität Stuttgart

Herausgeber: Professor em. Dr.-Ing. Dr. h.c. Kurt Lange

1 **Untersuchung über den Einfluß der Belastungszeit auf die Streuung der Rückfederung von Biegeteilen**
Von Dipl.-Ing. Klaus Tafel. 70 Seiten Text u. 64 Seiten mit 49 Bildern u. 15 Tafeln. Vergriffen

2/3 **Untersuchungen über das freie Napfen**
Von Dipl.-Ing. Gerhard Schmitt und Dipl.-Ing. Dieter Schmoeckel
Untersuchungen über den Kraft- und Arbeitsbedarf sowie den Umformwirkungsgrad beim Vorwärts-Vollfließpressen von Stahl
Von Dipl.-Ing. Dieter Kast. 40 Seiten Text u. 43 Seiten mit 47 Bildern u. 5 Tafeln. 28,— DM

4 **Untersuchungen über die Werkzeuggestaltung beim Vorwärts-Hohlfließpressen von Stahl und Nichteisenmetallen**
Von Dipl.-Ing. Dieter Schmoeckel. 72 Seiten Text u. 117 Seiten mit 179 Bildern. 39,— DM

5 **Untersuchungen über das Stauchen und Zapfenpressen**
Von Dipl.-Ing. Marten Burgdorf. 126 Seiten Text u. 58 Seiten mit 138 Bildern u. 4 Tafeln. 55,— DM

6 **Untersuchungen über die Streuung der Kräfte und Arbeiten beim Fließpressen in der laufenden Fertigung und den Einfluß der Phosphatschichtdicke und des Schmiermittels**
Von Dipl.-Ing. Hans-Dietrich Witte. 38 Seiten Text u. 48 Seiten mit 49 Bildern. 30,— DM

7 **Untersuchungen über das Rückwärts-Napffließpressen von Stahl bei Raumtemperatur**
Von Dipl.-Ing. Gerhard Schmitt. 132 Seiten Text u. 93 Seiten mit 130 Bildern u. 5 Tafeln. 34,— DM

8 **Die Abbildegenauigkeit beim Biegen im 90° -V-Gesenk und ihre Beeinflussung durch Nachdrücken im Gesenk**
Von Dipl.-Ing. Eckart Dannenmann. 50 Seiten Text u. 31 Seiten mit 28 Bildern u. 1 Tafel. Vergriffen

9 **Untersuchungen über den Zusammenhang zwischen Vickershärte und Vergleichsformänderung bei Kaltumformvorgängen**
Von Dipl.-Ing. Hans Wilhelm. 50 Seiten Text u. 35 Seiten mit 37 Bildern u. 2 Tafeln. Vergriffen

10 **Untersuchungen über das Abstreckziehen von zylindrischen Hohlkörpern bei Raumtemperatur**
Von Dipl.-Ing. Rolf K. Busch. 86 Seiten Text u. 92 Seiten mit 97 Bildern. Vergriffen

11 **Vorgänge beim elektromagnetischen und elektrohydraulischen Umformen von metallischen Werkstücken**
Von Dipl.-Ing. Herbert Müller. 90 Seiten Text u. 110 Seiten mit 93 Bildern u. 10 Tafeln. 22,— DM

12 **Ein Verfahren zur näherungsweisen Berechnung des Spannungs- und Formänderungszustandes beim Fließen starrplastischer Werkstoffe**
Von Dipl.-Ing. Gerhard Adler. 124 Seiten Text u. 76 Seiten mit 72 Bildern. Vergriffen

13 **Modellgesetzmäßigkeiten beim Rückwärtsfließpressen geometrisch ähnlicher Näpfe**
Von Dipl.-Ing. Dieter Kast. 101 Seiten Text u. 73 Seiten mit 60 Bildern u. 6 Tafeln. Vergriffen

14 **Untersuchungen über das Genauschneiden von Stahl und Nichteisenmetallen**
Von Dipl.-Ing. Wilfried Kramer. 96 Seiten Text u. 132 Seiten mit 128 Bildern u. 10 Tafeln. Vergriffen

15 **Entwicklung und Erprobung eines Simulators zur reproduzierbaren Nachahmung der Kraft-Weg-Verläufe von Umformvorgängen**
Von Dipl.-Ing. Kurt Schmid. 88 Seiten Text u. 38 Seiten mit 35 Bildern u. 2 Tafeln. 17,— DM

16 **Walzrichten von Metallbändern mit symmetrisch angestellter Fünf-Walzen-Richtmaschine**
Von Dipl.-Ing. Hans-Dietrich Witte. 108 Seiten Text u. 63 Seiten mit 60 Bildern u. 8 Tafeln. 22,— DM

17/18 **Erzeugung räumlicher Blechgebilde mittels Flächenbiegung**
Konstruktion, Abwicklung und Herstellung von Schraubtorsen aus Blech
Von Prof. Dr.-Ing. E. h. Dr. techn. h. c. Otto Kienzle.
120 Seiten Text u. 55 Seiten mit 86 Bildern u. 3 Tafeln. 22,— DM

19 **Einfluß der Alterung auf die mechanischen Eigenschaften von Stählen zum Kaltfließpressen**
Von Dipl.-Ing. Vladimir Hasek, CSc. 43 Seiten Text u. 54 Seiten mit 50 Bildern u. 3 Tafeln. 16,— DM

20 **Beitrag zur Frage der Spannungen, Formänderungen und Temperaturen beim axialsymmetrischen Strangpressen**
Von Dipl.-Ing. Rolf Dalheimer. 118 Seiten Text u. 76 Seiten mit 79 Bildern u. 3 Tafeln. Vergriffen

21 **Über den Einfluß der Werkzeuggeschwindigkeit auf den Stauchvorgang**
Von Dipl.-Ing. H.-J. Metzler. 127 Seiten Text u. 100 Seiten mit 94 Bildern u. 6 Tafeln. 25,— DM

22 **Numerische Behandlung von Verfahren der Umformtechnik**
Von Dr.-Ing. Elmar Steck. 67 Seiten Text u. 22 Seiten mit 43 Bildern. 16,— DM

23 **Ein Verfahren zur näherungsweisen Berechnung der Wärmeentwicklung und der Temperaturverteilung beim Kaltstauchen von Metallen**
Von Dipl.-Ing. Walther Pohl. 78 Seiten Text u. 51 Seiten mit 61 Bildern u. 4 Tafeln. 21,— DM

24 **Untersuchungen über das Drückwalzen zylindrischer Hohlkörper und Beitrag zur Berechnung der gedrückten Fläche und der Kräfte**
Von Dipl.-Ing. Hans-Jürgen Dreikandt. 161 Seiten Text u. 79 Seiten mit 73 Bildern u. 6 Tafeln. Vergriffen

25 **Über den Formänderungs- und Spannungszustand beim Ziehen von großen unregelmäßigen Blechteilen**
Von Dipl.-Ing. Vladimir Hasek, CSc. 129 Seiten Text u. 106 Seiten mit 109 Bildern u. 9 Tafeln. 35,— DM

26 **Über die Anisotropie des plastischen Verhaltens stranggepreßter Stäbe aus hexagonalen Metallen**
Von Dipl.-Ing. Günther Schröder. 129 Seiten Text u. 75 Seiten mit 97 Bildern u. 2 Tafeln. Vergriffen

27 **Die Messung der mechanischen Kontaktspannung in der Wirkfuge Werkzeug — Werkstück bei Umformverfahren**
Von Dipl.-Ing. Fritz Dohmann. 99 Seiten Text u. 82 Seiten mit 93 Bildern u. 4 Tafeln. Vergriffen

28 **Beitrag zur rechnerunterstützten Auslegung von Pressengestellen**
Von Dipl.-Ing. Manfred Geiger. 94 Seiten u. 56 Seiten mit 63 Bildern Vergriffen

29 **Untersuchungen über das Aufweittiefziehen**
Von P. S. Raghupathi, M. E. ISBN 3-7736-0780-6
80 Seiten Text u. 54 Seiten mit 73 Bildern u. 2 Tafeln 32.– DM

30 **Faltenbildung als Verfahrensgrenze beim Stauchen von Hohlkörpern**
Von Dipl.-Ing. Klaus Dieterle. ISBN 3-7736-0781-4
55 Seiten Text u. 35 Seiten mit 43 Bildern u. 3 Tafeln 28.– DM

31 **Beitrag zur Ermittlung von Fließkurven im kontinuierlichen hydraulischen Tiefungsversuch**
Von Dipl.-Ing. Franc Gologranc. ISBN 3-7736-0785-7
125 Seiten Text u. 58 Seiten mit 95 Bildern u. 6 Tafeln Vergriffen

32 **Untersuchungen an Strangpreßmatrizen**
Von Dipl.-Ing. Klaus Gieselberg. ISBN 3-7736-0786-5
101 Seiten Text u. 56 Seiten mit 69 Bildern 45.– DM

33 **Beitrag zur Messung der Strangoberflächentemperatur beim Strangpressen**
Von Dipl.-Ing. Karl-Heinz Friedrich. ISBN 3-7736-0787-3
83 Seiten Text u. 90 Seiten mit 84 Bildern u. 3 Tafeln 48.– DM

34 **Über das Umformverhalten von Blechen aus Titan und Titanlegierungen**
Von Dipl.-Ing. Hans Wilhelm. ISBN 3-7736-0788-1
107 Seiten Text u. 69 Seiten mit 76 Bildern u. 13 Tafeln Vergriffen

35 **Untersuchung der magnetischen Induktion. Stromdichte und Kraftwirkung bei der Magnetumformung**
Von Dipl.-Ing. Volker Schmidt. ISBN 3-7736-0789-X
60 Seiten Text u. 53 Seiten mit 84 Bildern 21.– DM

36 **Der Stofffluß beim kombinierten Napffließpressen**
Von Dipl.-Ing. Rolf Geiger. ISBN 3-7736-0790-3
111 Seiten Text u. 74 Seiten mit 80 Bildern u. 6 Tafeln Vergriffen

37 **Beitrag zum Verhalten superplastischer Werkstoffe beim Massivumformen**
Von Dipl.-Ing. Hans Schelosky. ISBN 3-7736-0791-1
123 Seiten Text u. 61 Seiten mit 60 Bildern u. 4 Tafeln Vergriffen

38 **Energieumsatz beim elektrohydraulischen Umformen**
Von Dipl.-Ing. Hans-Joachim Weckerle. ISBN 3-7736-0792-X
103 Seiten Text u. 46 Seiten mit 56 Bildern 45.– DM

39 **Elastische Wechselwirkungen an Gestell und Hauptgetriebe weggebundener Pressen**
Von Dipl.-Ing. Lutz Schemperg. ISBN 3-7736-0793-8
91 Seiten Text u. 58 Seiten mit 65 Bildern u. 3 Tafeln 45.– DM

40 **Über das plastische Verhalten von Sintermetallen bei Raumtemperatur**
Von Dipl.-Ing. Hartmut Honeß. ISBN 3-7736-0794-6
84 Seiten Text u. 54 Seiten mit 67 Bildern u. 2 Tafeln Vergriffen

41 **Untersuchungen zum Halbwarmfließpressen von Stahl**
Von Dr.-Ing. Rolf Geiger, Dipl.-Ing. Eckart Dannenmann und Dipl.-Ing. Jean Stefanakis
ISBN 37736-0795-4. 50 Seiten Text u. 33 Seiten mit 34 Bildern u. 2 Tafeln Vergriffen

42 **Änderung der Werkstoffeigenschaften beim Ziehen von zylindrischen Hohlkörpern aus austenitischen und ferritischen nichtrostenden Stählen**
Von Dipl.-Ing. Rolf Zeller. ISBN 3-7736-0796-2
80 Seiten Text u. 52 Seiten mit 34 Bildern u. 2 Tafeln Vergriffen

43 **Untersuchungen über das Fließpressen superplastischer Werkstoffe**
Von Dr.-Ing. Hans Schelosky. ISBN 3-7736-0797-0
36 Seiten Text u. 24 Seiten mit 26 Bildern u. 1 Tafel Vergriffen

44 **Umformende Bearbeitung in flexiblen Fertigungssystemen**
Von Dipl.-Ing. Hartmut Kaiser. ISBN 3-7736-0798-9
87 Seiten Text u. 24 Seiten mit 47 Bildern 36.— DM

45 **Geometrische Eigenschaften tiefgezogener kreiszylindrischer Näpfe**
Von Dipl.-Ing. Dieter Schlosser. ISBN 3-7736-0799-7
107 Seiten Text u. 64 Seiten mit 60 Bildern u. 9 Tafeln 48.– DM

46 **Die Eigenschaften einer AlZnMgCu-Legierung nach ausgewählten Kombinationen von Wärmebehandlung und Kaltumformung**
Von Dipl.-Ing. Karl Hankele. ISBN 3-7736-0880-2
86 Seiten Text u. 51 Seiten mit 52 Bildern u. 4 Tafeln 45.– DM

47 **Kaltmassivumformen von Sintermetall**
Von Dipl.-Ing. Hans Dieter Schacher. ISBN 3-7736-0881-0
84 Seiten Text u. 44 Seiten mit 47 Bildern u. 5 Tafeln 42.– DM

48 **Rechnerunterstützte Arbeitsplanerstellung und Kostenrechnung beim Kaltmassivumformen von Stahl**
Von Dipl.-Ing. Peter Noack. ISBN 3-7736-0882-9
216 Seiten Text u. 116 Seiten mit 134 Bildern u. 23 Tafeln 65.– DM

49 **Beitrag zur beanspruchungsgerechten Auslegung von rotationssymmetrischen Fließpreßmatrizen**
Von Dipl.-Ing. Gunther Kramer. ISBN 3-7736-0883-7
94 Seiten Text u. 53 Seiten mit 56 Bildern Vergriffen

50 **Erzeugung gratfreier Schnittflächen durch Aufteilen des Schneidvorgangs (Konterschneiden)**
Von Dipl.-Ing. Heinz Liebing. ISBN 3-7736-0884-5
87 Seiten Text u. 51 Seiten mit 55 Bildern u. 4 Tafeln 46.– DM

51 **Berechnung der elastischen Eigenschaften von Baugruppen im Pressenbau**
Von Dipl.-Ing. Herbert Blum ISBN 3-540-09804-6.
151 Seiten mit 55 Abbildungen. Vergriffen

52 **Untersuchung der Verfahrensgrenzen beim 180°-Biegen von Fein- und Mittelblechen**
Von Dipl.-Phys. Wolfgang Schaub. ISBN 3-540-09881-X.
65 Seiten mit 24 Abbildungen. 38,– DM

53 **Abstreckgleitziehen von nichtrostenden austenitischen Stählen**
Von Dipl.-Ing. Jobst-H. Kerspe. ISBN 3-540-09882-8.
109 Seiten mit 36 Abbildungen. 43,– DM

54 **Fließpressen von Stahl im Temperaturbereich 773 K (500°C) bis 1073 K (800°C)**
Von Dipl.-Ing. Ulrich Diether. ISBN 3-540-09959-X.
165 Seiten mit 80 Abbildungen. 48,– DM

55 **Die numerisch gesteuerte Radial-Umformmaschine und ihr Einsatz im Rahmen einer flexiblen Fertigung**
Von Dipl.-Ing. Peter Metzger. ISBN 3-540-10073-3.
158 Seiten mit 65 Abbildungen. 43,– DM

56 **Möglichkeiten zur Steuerung des Stoffflusses beim Ziehen großer unregelmäßiger Blechteile**
Von Dr.-Ing. Vladimir V. Hasek. ISBN 3-540-10074-1.
193 Seiten mit 96 Abbildungen. 48,– DM

57 **Beitrag zur Arbeitsgenauigkeit des Kaltmassivumformens**
Von Dipl.-Ing. Herbert Leykamm. ISBN 3-540-10363-5.
165 Seiten mit 84 Abbildungen und 5 Tabellen.. 48,– DM

58 **Untersuchungen über das Verjüngen von zylindrischen Vollkörpern**
Von Dipl.-Ing. Helmut Binder. ISBN 3-540-10466-6.
146 Seiten mit 50 Abbildungen und 3 Tabellen. 43,– DM

59 **Umformverhalten legierter Sintereisen**
Von Dipl.-Ing. Manfred Stilz. ISBN 3-540-11051-8.
170 Seiten mit 75 Abbildungen und 5 Tabellen. 48,– DM

60 **Interaktives Programmsystem zur Erstellung von Fertigungsunterlagen für die Kaltmassivumformung**
Von Dipl.-Ing. Michael Rebholz. ISBN 3-540-11052-6.
121 Seiten mit 46 Abbildungen. 43,– DM

61 **Beitrag zum Ziehen von Blechteilen aus Aluminiumlegierungen**
Von Dipl.-Ing. Michael Blaich. ISBN 3-540-11067-4.
141 Seiten mit 64 Abbildungen und 5 Tabellen. 43,– DM

62 **Auslegung von rotationssymmetrischen Fließpreßwerkzeugen im Bereich elastisch-plastischen Werkstoffverhaltens**
Von Dipl.-Ing. Thomas Neitzert. ISBN 3-540-11623-0.
159 Seiten mit 51 Abbildungen. 53,– DM

63 **Fließpressen von Sintermetall im Temperaturbereich zwischen 873 K (600°C) und 1173 K (900°C)**
Von Dipl.-Ing. Wolfgang Schaub. ISBN 3-540-11678-8.
160 Seiten mit 85 Abbildungen und 9 Tabellen. 53,– DM

64 **Rechnerunterstützte Konstruktion von Umformwerkzeugen und die Fertigungsplanung von Werkzeugelementen**
Von Dipl.-Ing. Dieter Steuss. ISBN 3-540-11856-X.
178 Seiten mit 87 Abbildungen und 6 Tabellen. 53,– DM

65 **Möglichkeiten und Grenzen des Kaltgesenkschmiedens als eine fertigungstechnische Alternative für kleine, genaue Formteile**
Von Dipl.-Ing. Khang Hoang-Vu. ISBN 3-540-11876-4.
156 Seiten mit 62 Abbildungen und 5 Tabellen. 53,– DM

66 **Einsatz numerischer Näherungsverfahren bei der Berechnung von Verfahren der Kaltmassivumformung.**
Von Dipl.-Ing. Karl Roll. ISBN 3-540-11910-8.
166 Seiten mit 49 Abbildungen und 2 Tabellen. 53,– DM

67 **Untersuchung über das Verjüngen von dickwandigen, zylindrischen Hohlkörpern**
Von Dipl.-Ing. Knut Haarscheidt. ISBN 3-540-12229-X.
124 Seiten mit 58 Abbildungen und 6 Tabellen. Vergriffen

68 **Rechnerunterstützte Optimierung des Tiefziehens unregelmäßiger Blechteile**
Von Dipl.-Ing. Hans Glöckl. ISBN 3-540-12522-1.
143 Seiten mit 60 Abbildungen. Vergriffen

69 **Hydrostatisches Fließpressen: Verfahrensparameter und Werkstückeigenschaften**
Von Dipl.-Ing. Jobst H. Kerspe. ISBN 3-540-12537-X.
123 Seiten mit 69 Abbildungen und 5 Tabellen. 58,– DM

70 **Untersuchungen zum Halbwarmfließpressen von Automatenstählen**
Von Dipl.-Ing. Eberhard Nehl. ISBN 3-540-12568-X.
145 Seiten mit 104 Abbildungen. 58,– DM

71 **Entwicklung und Anwendung neuer Schmierstoffprüfverfahren für die Kaltmassivumformung**
Von Dipl.-Ing. Thomas Gräbener. ISBN 3-540-12836-0.
140 Seiten mit 65 Abbildungen. 58,– DM

72 **Einfluß der Blechoberfläche beim Ziehen von Blechteilen aus Aluminiumlegierungen**
Von Dipl.-Ing. Erhard Mössle. ISBN 3-540-12837-9.
142 Seiten mit 62 Abbildungen und 6 Tabellen. 58,– DM

73 **Werkzeugverschleiß in der Massivumformung**
Von Dipl.-Ing. Matthias Weiergräber. ISBN 3-540-13033-0.
72 Seiten mit 36 Abbildungen und 2 Tabellen. 58,– DM

74 **Grundlagen der Umformtechnik I · Fundamentals of Metal Forming Technique I**
298 Seiten. ISBN 3-540-13039-X. 58,– DM

75 **Grundlagen der Umformtechnik II · Fundamentals of Metal Forming Technique II**
280 Seiten. ISBN 3-540-13040-3. 58,– DM

76 **Herstellung und Versteifungswirkung von geschlossenen Halbrundsicken**
Von Dipl.-Ing. Michael Widmann. ISBN 3-540-13172-8.
150 Seiten mit 63 Abbildungen 63,– DM

77 **Kostenoptimierter Einsatz der Radialumformmaschine in gemischten, flexiblen Fertigungssystemen**
Von Dipl.-Ing. Michael Dostal. ISBN 3-540-13286-4.
121 Seiten mit 61 Abbildungen. 63,– DM

78 **Rechnerische Ermittlung von Zustandsgrößen beim Radialumformen**
Von Dipl.-Ing. Roland Paukert. ISBN 3-540-13287-2.
131 Seiten mit 57 Abbildungen und 1 Tabelle. 63,– DM

79 **Numerische Steuerung einer flexiblen Bearbeitungseinheit zum Radialumformen**
Von Dipl.-Ing. Helmut Noller. ISBN 3-540-13550-2.
120 Seiten mit 41 Abbildungen und 2 Tabellen. 63,– DM

80 **Vergleichende Betrachtung der Verfahren zur Prüfung der plastischen Eigenschaften metallischer Werkstoffe**
Von Dr.-Ing. Klaus Pöhlandt. ISBN 3-540-13578-2.
178 Seiten mit 43 Abbildungen und 11 Tabellen. 63,– DM

81 **Aufweitung von Fließpreßmatrizen mit überlagerter thermischer und mechanischer Beanspruchung**
Von Dipl.-Ing. Ewald Kling. ISBN 3-540-15755-7.
139 Seiten mit 61 Abbildungen und 1 Tabelle. 63,– DM

82 **Messung des Werkzeugverschleißes bei der Kalt- und Halbwarmumformung mit Radionukliden**
Von Dipl.-Ing. Eberhard Nehl. ISBN 3-540-16497-9.
131 Seiten mit 55 Abbildungen und 11 Tabellen. 68,– DM

83 **Ermittlung von Eigenspannungen in der Kaltmassivumformung**
Von A. Erman Tekkaya. ISBN 3-540-16498-7.
162 Seiten mit 60 Abbildungen und 2 Tabellen. 68,– DM

84 **Korrosionsbeständigkeit tiefgezogener rotationssymmetrischer Werkstücke aus austenitischen Stählen**
Von Dipl.-Ing. Matthias Weiergräber. ISBN 3-540-16560-6.
137 Seiten mit 63 Abbildungen und 4 Tabellen. 68,– DM

85 **Simulation of Metal Forming Processes by the Finite Element Method (SIMOP-I)**
Workshop Stuttgart 1985. ISBN 3-540-16592-4.
316 Seiten mit 147 Abbildungen und 3 Tabellen. 68,– DM

86 **Beanspruchung von Napf-Rückwärts-Fließpreßmatrizen aus Keramik infolge mechanischer Belastung und Temperatureinwirkung**
Von Dipl.-Ing. Winfried Nester. ISBN 3-540-16845-1.
148 Seiten mit 66 Abbildungen und 2 Tabellen. 68,– DM

87 **Einfluß von Oberflächenbeschichtungen auf den Werkzeugverschleiß bei der Massivumformung**
Von Dipl.-Ing. Harald Westheide. ISBN 3-540-16846-X.
146 Seiten mit 84 Abbildungen und 9 Tabellen. 68,– DM

88 **Hydrostatisches Fließpressen von Profilen unter Verwendung von Matrizen mit stetigem Übergang**
Von Dipl.-Ing. Suwandi Sugondo. ISBN 3-540-16847-8.
130 Seiten mit 59 Abbildungen und 7 Tabellen. 68,– DM

89 **Untersuchungen über das kombinierte Quer-Napf-Vorwärts-Fließpressen**
Von Dipl.-Ing. Walter Osen. ISBN 3-540-17349-8.
153 Seiten mit 66 Abbildungen. 68,– DM

90 **Werkstoff und Umformung**
1. Workshop Stuttgart, 1986. ISBN 3-540-17370-6.
224 Seiten. 68,– DM

91 **Beanspruchungsgerechte Auslegung von Fließpreßwerkzeugen mit numerischen Berechnungsmethoden**
Von Dipl.-Ing. Vu The Cuong. ISBN 3-540-17472-9.
169 Seiten mit 80 Abbildungen und 12 Tabellen. 68,– DM

92 **Der Kerbzugversuch als Einfachprüfverfahren für das richtungsabhängige Umformvermögen von Blechwerkstoffen**
Von Dipl.-Phys. Christian Weist. ISBN 3-540-17666-7.
96 Seiten mit 48 Abbildungen und 5 Tabellen 68,– DM

93 **Querfließpressen eines Flansches oder Bundes an zylindrischen Vollkörpern aus Stahl**
Von Dipl.-Ing. Winfried Schätzle. ISBN 3-540-17929-1.
129 Seiten mit 67 Abbildungen und 3 Tabellen. 68,– DM

94 **Untersuchung des Werkzeugbruches beim Voll-Vorwärts-Fließpressen**
Von Dipl.-Ing. Willi Reiss. ISBN 3-540-18376-0.
159 Seiten mit 69 Abbildungen und 3 Tabellen. 68,– DM

95 **Grundlagen für das Kaltwalzen von Voll- und Hohlkörpern nach dem Grob-Verfahren**
Von Dipl.-Ing. Norbert Kurz. ISBN 3-540-18509-7.
163 Seiten mit 72 Abbildungen und 5 Tabellen. 68,– DM

96 **Rechnergestützte Fertigung von Sonderprofilen auf der Radialumformmaschine**
Von Dipl.-Ing. Andreas Wöhr. ISBN 3-540-19161-5.
141 Seiten mit 80 Abbildungen. 73,– DM

97 **Optimierung der Oberflächenmikrogeometrie von Aluminiumfeinblech für das Karosserieziehen**
Von Dipl.-Ing. Rainer Balbach. ISBN 3-540-50168-1.
161 Seiten mit 86 Abbildungen. 73,– DM

98 **Ermüdungsverhalten von massivumgeformten bauteilähnlichen Proben aus Stahl**
Von Dipl.-Ing. Wolfgang Schwab. ISBN 3-540-50805-8.
142 Seiten mit 81 Abbildungen und 3 Tabellen. 73,– DM

99 **Optimaler Energieeinsatz bei der Fertigung durch Massivumformung**
Von Dipl.-Ing. Thomas Herlan. ISBN 3-540-50876-7.
204 Seiten mit 63 Abbildungen und 3 Tabellen. 73,– DM

00 **Ermittlung der Fließkurven von Feinblechen im ebenen Torsionsversuch**
Von Dipl.-Ing. Michael Bauer. ISBN 3-540-51117-2.
210 Seiten mit 76 Abbildungen und 7 Tabellen. 73,– DM

01 **Numerische Simulation dreidimensionaler Umformvorgänge mit Einbezug des Temperaturverhaltens**
Von Dipl.-Ing. Jürgen Gerhardt. ISBN 3-540-51331-0.
148 Seiten mit 59 Abbildungen und 2 Tabellen. 73,– DM

02 **Interaktives rechnergestütztes System zur Konstruktion von Werkzeugen für die Kalt-Massivumformung**
Von Dipl.-Ing. Frank D. Ilzig. ISBN 3-540-51492-9.
134 Seiten mit 69 Abbildungen. 73,– DM

03 **Werkzeugverformungen beim Strangpressen und ihre Auswirkungen auf die Produktgenauigkeit**
Von Rolf Bulander. ISBN 3-540-51586-0.
165 Seiten mit 66 Abbildungen und 5 Tabellen. 73,– DM

04 **Prüfung des Einflusses von Schmierstoffadditiven auf das Tribosystem bei der Kaltmassivumformung**
Von Dipl.-Ing. Uwe Horlacher. ISBN 3-540-52176-3.
161 Seiten mit 70 Abbildungen und 5 Tabellen. 73,– DM

05 **Rechnerunterstützte Konstruktion von rotationssymmetrischen Schmiedeteilen und Warmfließpreßwerkzeugen**
Von Ekkehard Körner. ISBN 3-540-52635-8.
174 Seiten mit 85 Abbildungen und 7 Faltseiten. 78,– DM

06 **Einflußgrößen auf den Werkzeugbruch beim Voll-Vorwärts-Fließpressen**
Von Arndt Hettig. ISBN 3-540-52816-4.
161 Seiten mit 71 Abbildungen und 7 Tabellen. 78,– DM

07 **Weiterentwicklung des Torsionsversuches in Theorie und Praxis**
Von Andreas Gräber. ISBN 3-540-52817-2.
154 Seiten mit 65 Abbildungen und 4 Tabellen. 78,– DM

08 **Beitrag zur Optimierung der Fertigungsfolge Kaltmassivumformen und Spanen**
Von Hans-Joachim Keller. ISBN 3-540-52883-0.
165 Seiten mit 75 Abbildungen und 5 Tabellen. 78,– DM

09 **Ermittlung der Fließkurven und der Anisotopie-Eigenschaften metallischer Werkstoffe im Rastegaev-Stauchversuch**
Von Thomas Friedrich Oberländer. ISBN 3-540-53154-8.
174 Seiten mit 91 Abbildungen und 9 Tabellen. 78,– DM

10 **Ermüdungsverhalten von Fließpreßteilen aus Sintermetall**
Von Bernd Hager. ISBN 3-540-53585-3.
130 Seiten mit 70 Abbildungen und 3 Tabellen. 78,– DM

11 **Ein wissensbasiertes System zur Stadienplanermittlung beim Kaltmassivumformen**
Von Guohui Du. ISBN 3-540-53980-8.
163 Seiten mit 66 Abbildungen. 78,– DM

12 **Aufweitungsverhalten von Fließpreßmatrizen mit nichtrotationssymmetrischer Innenform Berechnungen mit der Boundary-Element-Methode**
Von Karsten-F. Hoffmann. ISBN 3-540-54573-5.
182 Seiten mit 73 Abbildungen und 7 Tabellen 78,– DM

13 **Ein Beitrag zur Überwachung und Diagnose beim Radialumformen am Beispiel der Radialumformmaschine RUMX-2000**
Von Egon Hüfner. ISBN 3-540-55157-3.
156 Seiten mit 54 Abbildungen und 5 Tabellen. 88,– DM

14 **Datenaustausch bei der Prozeßsimulation in der Umformtechnik**
Von Shaolin Wang. ISBN 3-540-55268-5.
177 Seiten mit 67 Abbildungen und 12 Tabellen. 88,– DM

15 **Verschleißminderung an Werkzeugen der Kaltmassivumformung durch Ionenstrahltechniken**
Von Christian Weist. ISBN 3-540-55453-X.
164 Seiten mit 86 Abbildungen und 9 Tabellen. 88,– DM

16 **Anwendungsorientiertes CAD-System zur Werkzeugkonstruktion für die Kaltmassivumformung**
Von Wolfgang Makosch. ISBN 3-540-55466-1.
166 Seiten mit 72 Abbildungen und 9 Tabellen. 88,– DM

17 **Grundlagenuntersuchung über das Taumelpressen**
Von Joachim Schondelmaier. ISBN 3-540-55589-7.
177 Seiten mit 92 Abbildungen und 1 Tabelle. 88,– DM

18 **Beitrag zur Fertigung von schrägverzahnten Stirnrädern durch Querfließpressen**
Von Felix Schmieder. ISBN 3-540-56548-5.
188 Seiten mit 94 Abbildungen und 4 Tabellen. 88,– DM

19 **Eigenspannungen und Spannungsrißkorrosion tiefgezogener Werkstücke aus CuZn-Legierungen**
Von Lothar Brückner. ISBN 3-540-57377-1.
152 Seiten mit 106 Abbildungen und 5 Tabellen. 88,– DM

Die Bände sind im Erscheinungsjahr und in den folgenden drei Kalenderjahren zu beziehen durch den örtlichen Buchhandel oder durch Lange & Springer, Otto-Suhr-Allee 26-28, 1000 Berlin 10.

GPSR Compliance

The European Union's (EU) General Product Safety Regulation (GPSR) is a set of rules that requires consumer products to be safe and our obligations to ensure this.

If you have any concerns about our products, you can contact us on ProductSafety@springernature.com

In case Publisher is established outside the EU, the EU authorized representative is:

Springer Nature Customer Service Center GmbH
Europaplatz 3
69115 Heidelberg, Germany

Batch number: 10682427

Printed by Printforce, the Netherlands